T0224886

Gerüste und Schalungen im konstruktiven Ingenieurbau

Wolf Jeromin

Gerüste und Schalungen im konstruktiven Ingenieurbau

Vorschriften und Rechenbeispiele

 Springer Vieweg

Wolf Jeromin
Köln, Deutschland

ISBN 978-3-658-16114-9   ISBN 978-3-658-16115-6 (eBook)
DOI 10.1007/978-3-658-16115-6

Die Deutsche Nationalbibliothek verzeichnet diese Publikation in der Deutschen Nationalbibliografie; detaillierte bibliografische Daten sind im Internet über http://dnb.d-nb.de abrufbar.

Springer Vieweg
© Springer Fachmedien Wiesbaden GmbH 2017

Gedruckt auf säurefreiem und chlorfrei gebleichtem Papier.

Springer Vieweg ist Teil von Springer Nature
Die eingetragene Gesellschaft ist Springer Fachmedien Wiesbaden GmbH
Die Anschrift der Gesellschaft ist: Abraham-Lincoln-Strasse 46, 65189 Wiesbaden, Germany

Vorwort

Das im Jahr 2002 abgeschlossene Buch „Gerüste und Schalungen im konstruktiven Ingenieurbau" [V.1] stellte seinerzeit als erstes zusammen, was bis dato lediglich in Fachzeitschriften und -berichten ungeordnet existierte.

Die Abschnitte in [V.1] über Grundlagen, Charakteristische Merkmale, Standardbauteile, Grundlagen der Traggerüstberechnung sowie Schadenfälle haben an Aktualität nichts eingebüßt. Der zeitliche Abstand erfordert jedoch, die Bedingungen der technischen Regeln ebenso wie die Berechnungen von Gerüsten und Schalungen zu überarbeiten, beziehungsweise gegebenenfalls zu ergänzen.

In gleicher Weise werden die Konstruktionsregeln, die im Arbeitskreis „Gerüste" der Prüfingenieure für Baustatik [V.2], [V.3], [V.4] beim Bauüberwachungsverein (die Mitglieder des Arbeitskreises sind im Anhang aufgeführt) erarbeitet wurden, auf dem neuesten Stand vorgestellt.

Die Veränderungen bei Arbeits-, Fassaden- und Schutzgerüsten hinsichtlich Vorschriften und Berechnungsbeispielen werden ebenso erfasst.

Das Buch richtet sich als „Ergänzungsband 2016" nicht nur an Studierende des Bauingenieurwesens mit Vertieferrichtung konstruktiver Ingenieurbau, sondern wendet sich in gleicher Weise an Beratende Ingenieure, Kollegen in Bauunternehmen und Behörden, die mit dem Traggerüstbau weniger vertraut sind und sich über die aktuelle Entwicklung informieren wollen.

Mein Dank gilt Herrn Dipl.-Ing. R.-J. Vogt, der das Manuskript zur Druckreife gebracht hat und dem Verlag für die Geduld mit dem Autor und die gute Ausstattung des Buches.

Im Rahmen dieses Buches sind gelegentlich Firmennamen und -produkte genannt worden. Dies bedeutet nicht, dass andere Firmen nicht gleich gute Produkte herstellen und mit ihnen arbeiten. Ich habe mich bemüht, in allen Quellen das gegebenenfalls notwendige Copyright einzuholen. Sollte ich dabei etwas übersehen haben, bitte ich schon jetzt um Nachsicht und werde dies bei Benachrichtigung selbstverständlich nachholen.

Köln, im September 2016   *Dr.-Ing. Wolf Jeromin*

V.1 JEROMIN, W.: *Gerüste und Schalungen im konstruktiven Ingenieurbau, Konstruktion und Bemessung,* Springer, Berlin 2003

V.2 ARBEITSKREIS GERÜSTE DES BAUÜBERWACHUNGSVEREINS (BÜV): *Empfehlungen der Prüfingenieure für die Prüfung von Traggerüsten,* Der Prüfingenieur Nr. 17, S. 73–77, Hamburg, Oktober 2000

V.3 ARBEITSKREIS GERÜSTE DES BAUÜBERWACHUNGSVEREINS (BÜV): *Empfehlungen der Prüfingenieure für die Prüfung von Traggerüsten,* Der Prüfingenieur Nr. 20, S. 66–67, Hamburg, April 2002

V.4 ARBEITSKREIS GERÜSTE DES BAUÜBERWACHUNGSVEREINS (BÜV): *Empfehlungen der Prüfingenieure für die Prüfung von Traggerüsten,* Der Prüfingenieur Nr. 48, S. 69–74, Berlin, Mai 2016

Inhaltsverzeichnis

Abbildungsverzeichnis

Tafelverzeichnis

Über den Autor

 **Wolf Jeromin** Diplom RWTH Aachen 1961, Fachrichtung Konstruktiver Ingenieurbau, Prüfingenieur für Baustatik 1975–2007, in dieser Zeit Lehrbeauftragter für „Statik der Traggerüste" am Lehrstuhl für Baustatik und Baudynamik RWTH Aachen 1996–2006, Promotion 2014 am Lehrstuhl für Massivbau TU München, Mitglied im Bundesausschuss der Prüfingenieure für Traggerüstbau, Buchtitel „Traggerüste und Schalungen im Konstruktiven Ingenieurbau", 2003, Springer.

Einführung

Bei der Errichtung baulicher Anlagen sind häufig zur sicheren Durchführung von Bau- und Montagearbeiten stählerne oder hölzerne Hilfskonstruktionen erforderlich. Zum einen betreffen diese in einem großen Bereich die Sicherung von Baugruben, zum anderen die planmäßige Formgebung des Frischbetons in jeder gewünschten Ausführung und Montagehöhe sowie Arbeiten an oder in baulichen Anlagen bei Umbau- oder Sanierungsarbeiten. Damit ist das umfangreiche Gebiet von Schutz-, Arbeits- und Traggerüsten umrissen, das bei letzteren ggfls. auch die Betonschalung umfasst.

Für Gerüste und Schalung im konstruktiven Ingenieurbau verbinden sich die Fachgebiete des Holz-, Stahl- und Betonbaus in spezieller Weise. Im Rahmen dieses Buches interessieren die planerisch-rechnerischen Gesichtspunkte.

Wegen ihrer relativ kurzen Standzeit haben sich für Gerüste Konstruktionsformen entwickelt, die von denen für dauerhafte Bauwerke deutlich abweichen (Tafel 1.1). Hauptgründe hierfür sind industrielle Vorfertigungen von Schalungs- und Gerüstbauteilen, verhältnismäßig geringe Gewichte sowie schneller Auf- und Abbau. Trotz ihres temporären Charakters verlangen Gerüstkonstruktionen bei Planung und Ausführung die gleiche konstruktive Sorgfalt, die für dauerhafte Bauwerke angezeigt ist. Zur Berücksichtigung der speziellen konstruktiven Zusammenhänge sind hierbei Kenntnisse erforderlich, die über diejenigen des üblichen Holz-, Stahl- und Betonbaus hinausgehen.

Voraussetzung dafür ist die Kenntnis der besonderen technischen Regeln für den Schalungs- und Gerüstbau, die auf den neuesten Stand gebracht werden.

Technische Regeln im Sinne dieser Betrachtung sind neben den im nationalen und europäischen Bereich gültigen Bauvorschriften auch und in besonderem Maße die Vorschriften in Bezug auf den Arbeitsschutz.

Die bereits in [V.1] veröffentlichten Rechenbeispiele werden überarbeitet und durch die in meiner seinerzeitigen Vorlesung „Statik der Traggerüste I" [1] und „Statik der Traggerüste II" [2] am Lehrstuhl für Baustatik und Baudynamik der RWTH Aachen vorgestellten

© Springer Fachmedien Wiesbaden GmbH 2017
W. Jeromin, *Gerüste und Schalungen im konstruktiven Ingenieurbau*,
DOI 10.1007/978-3-658-16115-6_1

Tafel 1.1 Gegenüberstellung Dauerbauwerke – Traggerüste [3]

Gegenüberstellung	
Übliche Konstruktionen des konstruktiven Ingenieurbaus	Traggerüste
Standzeit und Häufigkeit	
Dauerbauwerk • lange Standzeit • geringe Einsatzhäufigkeit	Temporäre Bauwerke • kurze Standzeit • große Einsatzhäufigkeit
Berechnung und Lasten	
Rechnerische Nutzlasten treten in der Regel nicht auf (Ausnahme Silos, Wasserbehälter)	Rechnerische Nutzlasten treten immer in voller Höhe auf und werden nicht selten überschritten
Versagenswahrscheinlichkeit	
10^{-6}	$\gg 10^{-6}$
Verbindungen	
stahlbaumäßig • Schweißen, Schrauben • unnachgiebig • keine bzw. nur geringe Toleranzen • zentrische Lasteinleitung • Verbände schubsteif	nicht stahlbaumäßig (einfach montier- und demontierbar) • Klemmen, Verkeilen, Steckverbindungen, Einschraubenverbindungen • nachgiebig • große Exzentrizitäten • Verbände schubweich
Bauteile und Werkstoffe	
• einwandfreie neue Bauteile • Werkstoffe immer zertifiziert	• durch wiederholten Einsatz eventuell auch beschädigte Bauteile • Werkstoffe nicht immer zertifiziert
Planung	
• umfangreiche Statik (klare Systeme) • Details durchkonstruiert	• dürftige Statik (stark vereinfachte Systeme) • nur wenige Details dargestellt • Strichzeichnungen
Bauausführung	
• nach Plan mit Fachpersonal • geringe Abweichungen • große Baugenauigkeit • kein Improvisieren auf der Baustelle	• teilweise kein Fachpersonal • Schiefstellungen • größere Montageungenauigkeiten • Improvisation auf der Baustelle • Nichteinbau von erforderlichen Bauteilen, z. B. Aussteifungsschotts

Berechnungen ergänzt. Hinzu kommen spezielle Beispiele aus der Praxis aus meiner Tätigkeit als Prüfingenieur für Baustatik. Begriffe aus den bisherigen Veröffentlichungen [V.1, V.2, V.3, V.4], [1] und [2] werden als bekannt vorausgesetzt.

Literatur

1. JEROMIN, W.: *Statik der Traggerüste I,* Vorlesungsumdruck am Lehrstuhl für Baustatik und Baudynamik der RWTH Aachen, WS 1996–2005
2. JEROMIN, W.: *Statik der Traggerüste II,* Vorlesungsumdruck am Lehrstuhl für Baustatik und Baudynamik der RWTH Aachen, SS 1997–2005
3. PELLE, K.: *Traggerüste im konstruktiven Ingenieurbau – Prüf- und Sicherheitsbestimmungen, nationale und europäische Normung,* VDI-Berichte 1348, S. 159 ff., VDI-Verlag Düsseldorf, 1997

Technische Regeln für Schalungen und Gerüste

Schalungen und Traggerüste im Ingenieurbau werden heute nicht mehr nach handwerklichen Erfahrungen errichtet, sondern nach Sicherheits- und Wirtschaftlichkeitskriterien berechnet und konstruiert. Mit der Berechnung wird der Nachweis der Standsicherheit und der Gebrauchstauglichkeit erbracht. Grundlage der Berechnung und der notwendigen Konstruktionszeichnungen sind einschlägige, verbindliche, technische Regeln, die sich von denen für Dauerbauwerke entsprechend Tafel 1.1 deutlich unterscheiden.

Zum Verständnis der auf Schalungen und Gerüste anzuwendenden technischen Regelwerke in Deutschland und darüber hinaus im Rahmen der Europäischen Union erfolgt eine knappe Darstellung der Entwicklung und der Zusammenhänge.

2.1 Regelungsgrundlagen und Sicherheitsstufen

Technische Regeln müssen ein ausreichendes Sicherheitsniveau [1] gewährleisten.
Zu unterscheiden ist dabei in:

- allgemein anerkannte Regeln der Technik,
- Stand der Technik,
- Stand von Wissenschaft und Technik.

Die drei Begriffe stehen in einem Stufenverhältnis [2]:

Allgemein anerkannte Regeln der Technik
Sind von der Mehrheit der Fachleute anerkannte, wissenschaftlich begründete, praktisch erprobte und ausreichend bewährte Regeln zum Lösen technischer Aufgaben.

Da die Mehrheit der Fachleute nicht zweifelsfrei feststellbar ist, definiert man korrekter: Eine bautechnische Regel ist nicht dem Standard zuzurechnen, wenn auf Grund

© Springer Fachmedien Wiesbaden GmbH 2017
W. Jeromin, *Gerüste und Schalungen im konstruktiven Ingenieurbau*,
DOI 10.1007/978-3-658-16115-6_2

wissenschaftlicher Erkenntnisse ernsthafte Bedenken daran bestehen, dass sie zur Gefahrenabwehr ausreichend geeignet ist [2].

Die allgemein anerkannten Regeln der Technik im Bauwesen sind nur ein Teil der Gesamtheit der technischen Regeln.

Stand der Technik

Der Stand der Technik ist erreicht, wenn die Wirksamkeit fortschrittlicher Verfahren in der Betriebspraxis zuverlässig nachgewiesen werden kann oder das verfügbare Fachwissen wissenschaftlich begründet, praktisch erprobt und ausreichend bewährt ist.

Der Stand der Technik stellt höhere Anforderungen an das Sicherheitsniveau als die allgemein anerkannten Regeln der Technik. Stand der Technik muss verfügbar sein beispielsweise im Rahmen des Personenförderungsgesetzes, des Luftverkehrsgesetzes und des Bundesimmissionsschutzgesetzes.

Stand von Wissenschaft und Technik

Diese Höchststufe der Sicherheit entspricht dem neuesten Stand wissenschaftlicher Erkenntnisse. Diese müssen sich als technisch durchführbar erwiesen haben und auch ohne praktische Bewährung allgemein zugänglich sein.

Die Sicherheitsanforderungen beim Stand von Wissenschaft und Technik werden beispielsweise beim Atomgesetz und der Strahlenschutzverordnung vorausgesetzt.

Aus dieser Rangfolge ergeben sich Regeln, die rechtlich bindend sind und mit der technischen Entwicklung Schritt halten müssen. Im nationalen, europäischen und internationalen Bereich haben sich aus unterschiedlichen Blickwinkeln und Sicherheitsüberlegungen umfangreiche Regelwerke herausgebildet, die teilweise unterschiedliche Ergebnisse liefern.

Für die weitere Betrachtung wird auf internationale Bezüge verzichtet und die nationalen und europäischen in den Vordergrund gerückt.

2.2 Rechtsgrundlagen im nationalen Bereich

Im Bauwesen gelten die allgemein anerkannten Regeln der Technik als verbindlich. Sie werden auch als allgemein anerkannte „Regeln der Baukunst" bezeichnet.

In Deutschland gelten im nationalen Bereich die DIN-Normen als allgemein anerkannte Regeln der Technik. Das Deutsche Institut für Bautechnik (DIBt) in Berlin veröffentlicht nach einem mehrstufigen Beratungsverfahren einschlägige Bauvorschriften.

Nach dem Grundgesetz haben die Länder Gesetzeskompetenz für das Baurecht. Der Bund setzt durch die Musterbauordnung einen Rahmen, den die Länder ausfüllen. In den Landesbauordnungen wird das Baurecht geregelt und in technischer Hinsicht durch die Bekanntmachung der bauaufsichtlich eingeführten DIN-Normen ergänzt. Nachfolgend wird auf die Landesbauordnung für Nordrhein-Westfalen Bezug genommen.

In der Landesbauordnung für Nordrhein-Westfalen (BauONW) in der Fassung vom 7.4.2015 [3] wird in § 2 Absatz 1 Ziffer 6 und 7 ausdrücklich darauf hingewiesen, dass Gerüste und Hilfseinrichtungen zur statischen Sicherung von Bauzuständen bauliche Anlagen sind. Damit fallen alle Baubehelfe wie Schalungen und Gerüste unter die Wirksamkeit bauaufsichtlich eingeführter Regeln, die als allgemein anerkannte Regeln der Technik gelten.

Neben den technischen Regeln im nationalen Bereich sind mehr und mehr europäische Regeln entstanden, die die nationalen ersetzen. Darüber hinaus existieren europaübergreifend internationale Regeln.

Bis zur Einführung der europäischen Bauproduktenrichtlinie, die in Deutschland zur Bauregelliste führte, wurde nach den Landesbauordnungen für die Verwendung neuer Baustoffe, Bauteile und Bauarten – wie sie bei Schalungen und Gerüsten vorkommen – deren Brauchbarkeit garantiert, indem eine allgemeine bauaufsichtliche Zulassung erteilt wurde. Zuständig ist das DIBt, dessen Zulassungen vereinbarungsgemäß in allen Bundesländern anerkannt sind. Sie wurden auf fünf Jahre erteilt. Sie konnten verlängert werden und wurden widerrufen, wenn sich neue Baustoffe, Bauteile oder Bauarten nicht bewährt hatten.

Um die Berechnung von Standardbauteilen einheitlich gestalten und beurteilen zu können, besteht die Möglichkeit, bei den obersten Bauaufsichtsbehörden der Bundesländer Tragfähigkeitstabellen prüfen zu lassen (Typenprüfung). Damit entfällt die Notwendigkeit, beim Einsatz von Standardbauteilen die Tragfähigkeit bis ins Einzelne gehend nachzuweisen, wenn die dazu gültigen technischen Regeln und bestimmte geometrische Randbedingungen eingehalten sind. Eine weitere Voraussetzung ist, dass die Tragfähigkeit der Standardbauteile durch ein entsprechendes Rechenmodell so zweifelsfrei und sicher erfasst wird, dass die Ergebnisse einer Typenprüfung zeitlich ohne Begrenzung verwendet werden können.

Bestimmte werkmäßig hergestellte Baustoffe, Bauteile und Einrichtungen, bei denen wegen ihrer Eigenart und Zweckbestimmung die Erfüllung der Brauchbarkeit in besonderem Maße von der einwandfreien Beschaffenheit abhängt, dürfen nur verwendet oder eingebaut werden, wenn sie ein Prüfzeichen tragen. Das gilt beispielsweise für Gerüstrohre, Gerüstkupplungen und Trägerklemmen.

Ließ sich eine beabsichtigte Bauart weder durch DIN-Normen noch durch eine bauaufsichtliche Zulassung baurechtlich einordnen, weil die Anwendung völlig neuartig war, bedurfte es einer sogenannten Zustimmung im Einzelfall durch die entsprechende oberste Bauaufsichtsbehörde eines Bundeslandes. Dies galt dann nur für den speziellen Fall und konnte auf ähnliche Fälle nicht übertragen werden.

Im Geschäftsbereich von Gebietskörperschaften, Landesbehörden oder Bundesbehörden sind neben den bereits vorgestellten technischen Regeln noch zusätzliche technische Vorschriften (ZTV) gültig. Sie regeln spezielle Anforderungen an Traggerüste und Schalungen und schließen z. B. bestimmte Nachweise und Konstruktionsformen aus oder erfordern solche. An dieser Stelle wird besonders auf die zusätzlichen technischen Vorschriften des Bundesministeriums für Verkehr, Bundesanstalt für Straßenwesen (ZTV-ING) [4], und des Eisenbahn-Bundesamtes (ELTB) [5] hingewiesen.

Hinsichtlich der Arbeitssicherheit der beim Aufbau und der Nutzung der Gerüste beschäftigten Arbeitnehmer sind nationale berufsgenossenschaftliche Vorschriften und solche zur Unfallverhütung nicht mehr zulässig, sondern rechtliche Regelungen gültig, die in der Europäischen Union harmonisiert sind (Abschn. 2.6).

Fahrbare Arbeitsbühnen sind Gerüste, jedoch keine baulichen Anlagen, für die die gleichen Regelungen wirksam sind.

2.3   Regelungen im Bereich der Europäischen Union

Der Rat der Europäischen Gemeinschaft stellte im Juli 1984 [6] fest:

„Der Rat ist der Auffassung, dass Normung einen wichtigen Beitrag zum freien Verkehr mit Industriewaren darstellt. Darüber hinaus trägt sie mit der Schaffung von allen Unternehmen gemeinsamen technischen Umfeldern zur industriellen Wettbewerbsfähigkeit, insbesondere auf dem Gebiet der neuen Technologien sowohl auf dem Gemeinschaftsmarkt als auch auf den Außenmärkten, bei."

In Kapitel 8a der am 01. Juli 1987 in Kraft getretenen „Europäischen Akte" [7], mit der die römischen Verträge geändert und ergänzt wurden, heißt es:

„Die Gemeinschaft trifft alle erforderlichen Maßnahmen, um bis zum 31.12.1992 den Binnenmarkt schrittweise zu verwirklichen. Der Binnenmarkt umfasst einen Raum ohne Binnengrenzen, in dem der freie Verkehr von Waren, Personen, Dienstleistungen und Kapital gemäß den Bestimmungen dieses Vertrages gewährleistet ist."

Voraussetzung für den Binnenmarkt ist unter anderem, dass alle Schranken, die sich auf unterschiedliche nationale Regelungen und Normen für Waren und Dienstleistungen beziehen, durch europäische Normen oder Harmonisierungsvorschriften abgebaut werden.

Unter diesem Gedanken ist die Bauproduktenrichtlinie (RL89/106/EWG) [8] entstanden, die die nationalen Vorschriften im Bereich der Baunormen ablösen soll. In diesem Zusammenhang ist die Definition einiger Begriffe im Hinblick auf das Bauproduktengesetz notwendig, das seinen Niederschlag in den Landesbauordnungen der Bundesländer findet.

- Bauprodukte sind Baustoffe, Bauteile und Anlagen, die hergestellt werden, um dauerhaft in bauliche Anlagen eingebaut zu werden.
- Bauart ist das Zusammenfügen von Bauprodukten zu baulichen Anlagen oder Teilen von baulichen Anlagen.

Es wird in geregelte, nichtgeregelte und sonstige Bauprodukte unterschieden. Sie werden in die Bauregelliste A bis C aufgenommen [8].

Geregelte Bauprodukte entsprechen den in der Bauregelliste A, Teil 1, bekanntgemachten technischen Regeln oder weichen von ihnen nicht wesentlich ab.

Tafel 2.1   Anforderungen der Bauregelliste

A Teil 1	Geregelte Bauprodukte nach bauaufsichtlich eingeführten Normen zur Erfüllung der Anforderungen der Landesbauordnungen oder aufgrund technischer Spezifikation nach Artikel 7 RL89/106/EWG [7]. Verwendbarkeitsnachweis gegeben
A Teil 2	Nichtgeregelte Bauprodukte *ohne* bauaufsichtlich eingeführte Normen oder Abweichungen von der Bauregelliste A Teil 1 ohne anerkannte Regeln der Technik Anwendbarkeit möglich durch: • Erteilung eines Prüfzeichens, • bauaufsichtliche Zulassung, • Zustimmung im Einzelfall. Verwendbarkeit bei zertifizierter Übereinstimmungserklärung des Herstellers möglich (Ü-Zeichen) Bestimmung der Zertifizierungsstelle durch Bauaufsicht Überwachung durch Prüfstelle Fremdüberwachung durch Überwachungsstelle
A Teil 3	Nichtgeregelte Bauarten Anwendbarkeit möglich durch bauaufsichtliche Prüfzeichen Übereinstimmungsnachweise nur mit Prüfzeugnis
B Teil 1	Bauprodukte mit Spezifikationen (hEN, ETAG, ETA), abhängig vom Verwendungszweck mit Klassen und Leistungsstufen
B Teil 2	Bauprodukte mit CE-Kennzeichen, Verwendbarkeitsnachweis ist erforderlich
C	Für Schalungen und Traggerüste ohne Bedeutung, da hier Anforderungen an Brandschutz, Gesundheit und Umweltschutz kodifiziert sind

Nichtgeregelte Bauprodukte sind solche, die wesentlich von denen in der Bauregelliste A, Teil 1, bekanntgemachten technischen Regeln abweichen und für die es keine technischen Baubestimmungen oder allgemein anerkannte Regeln der Technik gibt.

Die Verwendbarkeit ergibt sich

• für geregelte Bauprodukte aus der Übereinstimmung mit den bekanntgemachten technischen Regeln,
• für nichtgeregelte Bauprodukte aus der Übereinstimmung mit der allgemeinen bauaufsichtlichen Zulassung oder dem allgemeinen bauaufsichtlichen Prüfzeugnis oder der Zustimmung im Einzelfall.

Geregelte und nichtgeregelte Bauprodukte dürfen verwendet werden, wenn ihre Verwendbarkeit in dem für sie geforderten Übereinstimmungsnachweis bestätigt ist und sie deshalb ein Übereinstimmungszeichen (Ü-Zeichen) tragen.

Die allgemeinen bauaufsichtlichen Zulassungen verlieren nach Ablauf des Zulassungszeitraums ihre Gültigkeit, sofern sie nicht verlängert werden können. Die allgemeinen bauaufsichtlichen Prüfzeugnisse und die Typenprüfungen sind weiterhin gültig, sofern sie den novellierten technischen Baubestimmungen entsprechen. Zustimmungen im Einzelfall sind stets auf den Einzelfall beschränkt.

Die Merkmale entsprechend Bauregelliste A bis C sind in Tafel 2.1 zusammengefasst.

Das Urteil C100/13 [9] des Europäischen Gerichtshofs (EUGH) vom 16.10.2014 bezieht sich im Kern auf den technischen Brandschutz (Bauregelliste B, Teil 1) und verbietet bei Lückenhaftigkeit harmonisierter EU-Normen gegenüber deutschem Sicherheitsniveau entsprechend nachzubessern. Zwischenzeitlich sind die oberen Bauaufsichtsbehörden der Ansicht, die Musterbauordnung, die Landesbauordnungen im Hinblick auf die Bauregelliste und das deutsche Regelungssystem widerspruchsfrei ändern zu müssen. Da Ergebnisse noch nicht rechtskräftig sind, wird hierauf nicht eingegangen.

Spezielle Gerüstbauteile, die aus den besonderen Konstruktionsformen von Gerüsten hervorgehen [V.1], also Standardbauteile, sind als Bauprodukte aus der Bauregelliste A, Teil 1, in Tafel 2.2 zusammengestellt.

Die bei Gerüsten und Schalungen als Ausgangsprodukte verwendeten Baustoffe sind Stahl und Holz. Ihre Verwendung ist in den entsprechenden Normen hinsichtlich Material und Eigenschaften direkt geregelt.

Die Bauordnung für das Land Nordrhein-Westfalen (BauONW) regelt in § 20 bis § 28 die Aufnahme des Bauproduktengesetzes.

Für die Bauarten ist nach § 24 BauONW zu beachten, dass sowohl bei einer allgemeinen bauaufsichtlichen Zulassung als auch bei einer Zustimmung im Einzelfall oder auch durch Rechtsverordnung der obersten Bauaufsichtsbehörde vorgeschrieben werden kann, dass der Hersteller von Bauprodukten „... über solche Fachkräfte und Vorrichtungen verfügt und den Nachweis hierüber gegenüber einer Prüfstelle zu erbringen hat." Es können Mindestanforderungen an die Ausbildung, die durch Prüfung nachzuweisende Befähigung und die Ausbildungsstätten einschließlich der Anerkennungsvoraussetzungen gestellt werden.

Für Bauprodukte gilt nach § 25 BauONW: „Ist für Bauprodukte, ... die wegen ihrer besonderen Eigenschaft oder ihres besonderen Verwendungszwecks einer außergewöhnlichen Sorgfalt bei Einbau, Transport, Instandhaltung oder Reinigung bedürfen, kann in der allgemeinen bauaufsichtlichen Zulassung und der Zustimmung im Einzelfall oder durch Rechtsverordnung der obersten Bauaufsichtsbehörde die Überwachung dieser Tätigkeiten durch eine Überwachungsstelle vorgeschrieben werden."

Die für Gerüste in der Bauregelliste A, Teil 1, geltenden Bestimmungen sind in Tafel 2.2 mit Stand 2015/2 aufgeführt.

Die für Schalungen (Holzbau) geltenden Bestimmungen beziehen sich in Bauregelliste A, Teil 1, auf Holzprodukte und -bauarten, die für die Herstellung aus den zutreffenden Holzbaunormen (Tafel 2.3) entnommen werden können.

Tafel 2.2 Vorschriften für Gerüstbauteile[a] nach Bauregelliste [8]

Lfd. Nr.	Bauprodukt	Technische Regeln	Über-einstim-mungs-nachweis	Verwendbarkeits-nachweis bei wesentl. Abweichung von den techn. Regeln
1	2	3	4	5
16.1	Baustützen aus Stahl mit Ausziehvorrichtung mit rechnerisch ermittelter Tragfähigkeit	DIN EN 1065:1998-12 Zusätzlich gilt: Anlage 16.8	ÜZ	Z
16.2	Systemunabhängige Stahlrohre für die Verwendung in Trag- und Arbeitsgerüsten	DIN EN 39:2001-11 Zusätzlich gilt: Anlage 16.2	ÜHP	Z
16.3	Leichte Gerüstspindeln	DIN 4425:1990-11 mit Ausnahme der Bestimmungen für die Fremdüberwachung Zus. gilt: Anlagen 16.1 und 16.2	ÜHP	Z
16.4	Kupplungen	DIN EN 74-1:2005-12 Zusätzlich gilt: Anlagen 16.2 und 16.9	ÜZ	Z
16.5	Gussstücke aus unlegiertem und niedriglegiertem Gusseisen mit Kugelgraphit zur Verwendung bei Traggerüsten	DIN EN 1563:2003-02 Zusätzlich gilt: Anlagen 4.2, 16.2 und 16.3	ÜHP	Z
16.6	Tempergussstücke zur Verwendung bei Traggerüsten	DIN EN 1562:2006-08 mit Ausnahme der Bestimmungen des Anhang ZA Zus. gilt: Anlagen 4.2, 16.2 und 16.4	ÜHP	Z
16.7	Geschweißte kreisförmige Rohre aus unlegierten Stählen zur Verwendung bei Traggerüsten	DIN 1626:1984-10 Zusätzlich gilt: Anlagen 4.2, 4.43, 16.2 und 16.5	ÜHP	Z
16.8	Gerüstbretter und -bohlen aus Holz zur Verwendung in Schutzgerüsten	DIN 4420-1:2004-03 Zusätzlich gilt: Anlage 16.2	ÜH	P
16.9	Vorgefertigte Gerüstbauteile aus Stahl, Aluminium und Holz	DIN EN 12812:2008-12 Zusätzlich gilt: Anlagen 16.2 und 16.10	ÜH	Z

Tafel 2.2 (Fortsetzung)

Lfd. Nr.	Bauprodukt	Technische Regeln	Über-einstim-mungs-nachweis	Verwendbarkeits-nachweis bei wesentl. Abweichung von den techn. Regeln
1	2	3	4	5
16.10	Warmgewalzte nahtlose Stahlrohre aus unlegierten Stählen für die Verwendung bei Traggerüsten	DIN 1629:1984-10 Zusätzlich gilt: Anlagen 4.2, 4.43, 16.2 und 16.6	ÜHP	Z
16.11	Erzeugnisse aus Stahlguss zur Verwendung bei Traggerüsten	DIN EN 10293:2005-06 Zusätzlich gilt: Anlagen 4.2, 16.2 und 16.7	ÜHP	Z
16.12	Industriell gefertigte Schalungsträger aus Holz	DIN EN 13377:2002-11 in Verbindung mit DIN 20000-2:2013-12	ÜZ	Z
16.13	Fußplatten und Zentrierbolzen	DIN EN 74-3:2007-07 und DIN EN 74-3/Berichtigung 1:2007-10 Zusätzlich gilt: Anlage 16.2	ÜH	Z
16.14	Spezialkupplungen	DIN EN 74-2:2009-01 Zusätzlich gilt: Anlagen 16.2, 16.11 und 16.12	ÜZ	Z
16.15	Baustützen aus Aluminium mit Ausziehvorrichtung	DIN EN 16031:2012-09 Zusätzlich gilt: Anlage 16.12	ÜZ	Z

ÜH – Übereinstimmungserklärung des Herstellers
ÜHP – Übereinstimmungserklärung des Herstellers nach vorheriger Prüfung des Bauprodukts durch eine anerkannte Prüfstelle
ÜZ – Übereinstimmungszertifikat durch eine anerkannte Zertifizierungsstelle
Z – Allgemeine bauaufsichtliche Zulassung
P – Allgemeines bauaufsichtliches Prüfzeugnis
[a] Gilt nicht im Freistaat Bayern.
Die Anlagen-Nummern beziehen sich auf ergänzende Hinweise, die [8] direkt entnommen werden können.

Tafel 2.3 Bauaufsichtlich eingeführte Vorschriften aus dem Holzbau nach Bauregelliste A, Teil 1, die das Material für Schalung betreffen [8]

Lfd. Nr.	Bauprodukt	Technische Regeln	Übereinstimmungsnachweis	Verwendbarkeitsnachweis bei wesentl. Abweichung von den techn. Regeln
1	2	3	4	5
3.1.1.1.1	Das Bauprodukt „Normalentflammbares Vollholz (visuell sortiert)" ist in der Liste (Ausgabe 2014/1) gestrichen.			
3.1.1.1.2	Das Bauprodukt „Normalentflammbares Vollholz (maschinell sortiert)" ist in der Liste (Ausgabe 2014/1) gestrichen.			
3.1.1.2	Das Bauprodukt „Schwerentflammbares Vollholz" ist in der Liste (Ausgabe 2009/2) gestrichen.			
3.1.1.3	Vollholz mit Keilzinkenstoß	DIN 1052:2008-12 und DIN 1052/Berichtigung 1:2010-05 Zusätzlich gilt: Anlage 3.3, DIN 4102-4:1994-03, DIN 4102-4/A1:2004-11 und DIN 4102-1:1998-05 in Verbindung mit Anlage 0.2.1 bzw. DIN EN ISO 11925-2:2011-02 in Verbindung mit DIN EN 13501-1:2010-01 und Anlagen 0.2.2 und 0.2.3	ÜZ	Z
3.1.2.1	Das Bauprodukt „Normalentflammbares Brettschichtholz der Festigkeitsklasse BS 11" ist in der Liste (Ausgabe 2009/2) gestrichen.			
3.1.2.2	Das Bauprodukt „Schwerentflammbares Brettschichtholz der Festigkeitsklasse BS 11" ist in der Liste (Ausgabe 2009/2) gestrichen.			
3.1.3	Das Bauprodukt „Brettschichtholz der Festigkeitsklassen BS 14, BS 16, BS 18" ist in der Liste (Ausgabe 2009/2) gestrichen.			
3.1.1.4	Brettschichtholz[a]	DIN 1052:2008-12 und DIN 1052/Berichtigung 1:2010-05 Zusätzlich gilt: Anlage 3.3 DIN 4102-4:1994-03 und DIN 4102-4/A1:2004-11 in Verbindung mit Anlage 0.2.1	ÜZ	Z

[a] Für das Bauprodukt gibt es eine harmonisierte Norm nach der Verordnung (EU) Nr. 305/2011 (Bauproduktenverordnung – EU-BauPVO)/ist eine Europäische Technische Bewertung nach der Verordnung (EU) Nr. 305/2011 (Bauproduktenverordnung – EU-BauPVO) ausgestellt. Die Verwendung bereits in Verkehr gebrachter Bauprodukte bleibt unberührt.

2.4 Normen für Schalungen und Gerüste

Die bauaufsichtlich eingeführten Normen für Schalungen und Gerüste werden nachfolgend aufgeführt:

2.4.1 Normen für Schalungen

Da die Schalungen überwiegend aus Holz hergestellt sind, gelten für sie soweit erforderlich die im Holzbau gültigen Normen.

Zusätzlich zu den in Tafel 2.3 abgedruckten Materialnormen werden in Tafel 2.4 alle Normen aufgeführt, die im Zusammenhang mit Schalungen von Bedeutung sind und entsprechende Konstruktions-, Berechnungs- und Bemessungsgrundlagen enthalten.

2.4.2 Normen für Traggerüste

In Tafel 2.5 werden die bauaufsichtlich eingeführten technischen Bestimmungen die für Traggerüste mit gelten, zusammengefasst.

Die Vorschriften für Arbeits-, Fassaden- und Schutzgerüste sind in Abschn. 2.4.3 zusammengefasst. Diese Normen wurden zwar in sechs anderen Bundesländern, aber nicht in Nordrhein-Westfalen bauaufsichtlich eingeführt. Sie sind in der Bauregelliste A, Teil 1, mit Stand 2015/2 enthalten.

Die Erarbeitung der europäischen Normen für „temporäre Konstruktionen" wird durch das Technische Komitee TC53 vorgenommen. Die Regelungssystematik ist Tafel 2.6 zu entnehmen.

2.4.3 Normen für Arbeits-, Fassaden- und Schutzgerüste

In Tafel 2.7 werden die bauaufsichtlich eingeführten technischen Bestimmungen für Arbeits-, Fassaden- und Schutzgerüste zusammengefasst.

In Tafel 2.2 sind Vorschriften für Gerüstbauteile aufgelistet, die in der Bauregelliste A, Teil 1 geführt werden. Sie gelten selbstverständlich auch für Arbeitsgerüste, soweit sie bei diesen Anwendungen finden. Tafel 2.5 enthält bauaufsichtlich eingeführte Berechnungsnormen. (Sie betreffen im Sinne der Bauproduktenrichtlinie keine regelbaren Bauprodukte und müssen deshalb zur rechtlichen Gültigkeit bauaufsichtlich eingeführt sein). Soweit nicht besondere technische Regeln für Arbeits- Fassaden- und Schutzgerüste bei der Berechnung nachfolgend aufgeführt werden, können Berechnungsgrundlagen für Lastansätze und Nachweise Tafel 2.5 entnommen werden.

Tafel 2.4 Bauaufsichtlich eingeführte Normen aus dem Holzbau, die für Berechnung und Bemessung von Schalungen gültig sind [10]

Lfd. Nr.	Bezeichnung	Titel	Ausgabe	Bezugsquelle/ Fundstelle
1	2	3	4	5
2.5.1	DIN EN 1995	Eurocode 5:Bemessung und Konstruktion von Holzbauten		
	-1-1 Anlagen 2.5/1E und 2.5/2	– Teil 1-1:Allgemeines – Allgemeine Regeln und Regeln für den Hochbau	Dezember 2010	*)
	-1-1/NA	Nationaler Anhang – National festgelegte Parameter – Eurocode 5:Bemessung und Konstruktion von Holzbauten – Teil 1-1:Allgemeines – Allgemeine Regeln und Regeln für den Hochbau	Dezember 2010	*)
	-2 Anlagen 2.5/1E und 2.5/2	– Teil 2:Brücken	Dezember 2010	*)
	-2/NA	Nationaler Anhang – National festgelegte Parameter – Eurocode 5:Bemessung und Konstruktion von Holzbauten – Teil 2:Brücken	August 2011	*)
	DIN 1052-10	Herstellung und Ausführung von Holzbauwerken – Teil 10: Ergänzende Bestimmungen	Mai 2012	*)

*) Beuth-Verlag GmbH, 10772 Berlin
Bauaufsichtlich eingeführte Normen für Lastannahmen sind Tafel 2.5 zu entnehmen.
Nicht bauaufsichtlich eingeführt:
DIN 18215:1973-12 Schalungsplatten aus Holz für Beton- und Stahlbetonbauten
DIN 18216:1986-12 Schalungsanker für Betonschalungen
DIN 18217:1981-12 Betonflächen und Schalungshaut
DIN 18218:1980-09 Betonschalungsdruck auf lotrechte Schalungen
DIN 68791:1979-03 Großflächenschalungsplatten aus Stab- oder Stäbchensperrholz für Beton- und Stahlbeton
DIN 68792:1979-03 Großflächenschalungsplatten aus Furniersperrholz für Beton- und Stahlbeton
DIN 68763:1980-07 Hochverdichtete Spanplatten

Tafel 2.5 Bauaufsichtlich eingeführte Normen für Traggerüste nach [10]

Lfd. Nr.	Bezeichnung	Titel	Ausgabe	Bezugsquelle/ Fundstelle
1	2	3	4	5
1.1	DIN EN 1990 Anlage 1.1/1	Eurocode – Grundlagen der Tragwerksplanung	Dezember 2010	*)
	-/NA	Nationaler Anhang – National festgelegte Parameter – Eurocode: Grundlagen der Tragwerksplanung	Dezember 2010	*)
1.2	DIN EN 1991	Eurocode 1:Einwirkungen auf Tragwerke		
	-1-1	–, Teil 1-1:Allgemeine Einwirkungen auf Tragwerke – Wichten, Eigengewicht und Nutzlasten im Hochbau	Dezember 2010	*)
	-1-1/NA	Nationaler Anhang – National festgelegte Parameter – Eurocode 1: Einwirkungen auf Tragwerke – Teil 1-1:Allgemeine Einwirkungen auf Tragwerke – Wichten, Eigengewicht und Nutzlasten im Hochbau	Dezember 2010	*)
	-1-3 Anlage 1.2/2	–, Teil 1-3:Allgemeine Einwirkungen, Schneelasten	Dezember 2010	*)
	-1-3/NA	Nationaler Anhang – National festgelegte Parameter – Eurocode 1: Einwirkungen auf Tragwerke – Teil 1-3:Allgemeine Einwirkungen, Schneelasten	Dezember 2010	*)
	-1-4 Anlage 1.2/3	–, Teil 1-4:Allgemeine Einwirkungen, Windlasten	Dezember 2010	*)
	-1-4/NA	Nationaler Anhang – National festgelegte Parameter – Eurocode 1: Einwirkungen auf Tragwerke – Teil 1-4:Allgemeine Einwirkungen, Windlasten	Dezember 2010	*)
	-1-7 Anlage 1.2/4	–, Teil 1-7:Allgemeine Einwirkungen – Außergewöhnliche Einwirkungen	Dezember 2010	*)
	-1-7/NA	Nationaler Anhang – National festgelegte Parameter – Eurocode 1: Einwirkungen auf Tragwerke – Teil 1-7:Allgemeine Einwirkungen – Außergewöhnliche Einwirkungen	Dezember 2010	*)
1.3	Richtlinie Anlage 1.3/1	ETB-Richtlinie – „Bauteile, die gegen Absturz sichern"	Juni 1985	*)

Tafel 2.5   (Fortsetzung)

Lfd. Nr.	Bezeichnung	Titel	Ausgabe	Bezugsquelle/ Fundstelle
1	2	3	4	5
2.1.1	DIN EN 1997	Eurocode 7:Entwurf, Berechnung und Bemessung in der Geotechnik		
	-1	– Teil 1:Allgemeine Regeln	September 2009	*)
	Anlage 2.1/1 E -1/NA	Nationaler Anhang – National fest-gelegte Parameter – Eurocode 7: Entwurf, Berechnung und Bemessung in der Geotechnik – Teil 1:Allgemeine Regeln	Dezember 2010	*)
	DIN 1054	Baugrund – Sicherheitsnachweise im Erd- und Grundbau – Ergänzende Regelungen zu DIN EN 1997-1	Dezember 2010	*)
	/A1	Baugrund – Sicherheitsnachweise im Erd- und Grundbau - Ergänzende Regelungen zu DIN EN 1997-1:2010; Änderung A1	August 2012	
2.3.1	DIN 1045 Anlage 2.3/1	Tragwerke aus Beton, Stahlbeton und Spannbeton		
	- 2 Anlage 2.3/2 E DIN EN 206-1 -1/A1 -1/A2 -9	– Teil 2:Beton; Festlegung, Eigen-schaften, Herstellung und Konformität – Anwendungsregeln zu DIN EN 206-1 Beton – Teil 1:Festlegung, Eigenschaf-ten, Herstellung und Konformität – ; –; Änderung A1 – ; –; Änderung A2 – Teil 9:Ergänzende Regeln für selbst-verdichtenden Beton (SVB)	August 2008 Juli 2001 Oktober 2004 September 2005 September 2010	*) *) *) *) *)
	- 3 Anlage 2.3/12 DIN EN 13670	– Teil 3:Bauausführung – Anwen-dungsregeln zu DIN EN 13670 Ausführung von Tragwerken aus Be-ton	März 2012 März 2012	*) *)

Tafel 2.5　(Fortsetzung)

Lfd. Nr.	Bezeichnung	Titel	Ausgabe	Bezugsquelle/ Fundstelle
1	2	3	4	5
2.3.2	DIN EN 1992	Eurocode 2:Bemessung und Konstruktion von Stahlbeton- und Spannbetontragwerken		
	-1-1 Anlagen 2.3/1, 2.3/3 E und 2.3/4 -1-1/NA	– Teil 1-1:Allgemeine Bemessungsregeln und Regeln für den Hochbau	Januar 2011 April 2013	*)
		Nationaler Anhang – National festgelegte Parameter – Eurocode 2:Bemessung und Konstruktion von Stahlbeton- und Spannbetontragwerken – Teil 1-1:Allgemeine Bemessungsregeln und Regeln für den Hochbau		*)
2.4.1	DIN EN 1993	Eurocode 3:Bemessung und Konstruktion von Stahlbauten		
	-1-1 Anlagen 2.3/4, 2.4/1 E und 2.4/8 E	– Teil 1-1:Allgemeine Bemessungsregeln und Regeln für den Hochbau	Dezember 2010	*)
		Nationaler Anhang – National festgelegte Parameter – Eurocode 3: Bemessung und Konstruktion von Stahlbauten – Teil 1-1:Allgemeine Bemessungsregeln und Regeln für den Hochbau	Dezember 2010	*)
	-1-5	– Teil 1-5:Plattenförmige Bauteile	Dezember 2010	*)
	-1-5/NA	Nationaler Anhang – National festgelegte Parameter – Eurocode 3: Bemessung und Konstruktion von Stahlbauten – Teil 1-5:Plattenförmige Bauteile	Dezember 2010	*)
	-1-8	– Teil 1-8:Bemessung von Anschlüssen	Dezember 2010	*)
	-1-8/NA	Nationaler Anhang – National festgelegte Parameter – Eurocode 3: Bemessung und Konstruktion von Stahlbauten – Teil 1-8:Bemessung von Anschlüssen	Dezember 2010	*)

Tafel 2.5 (Fortsetzung)

Lfd. Nr.	Bezeichnung	Titel	Ausgabe	Bezugsquelle/ Fundstelle
1	2	3	4	5
2.4.1	-1-10 -1-10/NA	- Teil 1-10:Stahlsortenauswahl im Hinblick auf Bruchzähigkeit und Eigenschaften in Dickenrichtung Nationaler Anhang – National festgelegte Parameter – Eurocode 3: Bemessung und Konstruktion von Stahlbauten – Teil 1-10: Stahlsortenauswahl im Hinblick auf Bruchzähigkeit und Eigenschaften in Dickenrichtung	Dezember 2010 Dezember 2010	*) *)
	-1-11 -1-11/NA	Nationaler Anhang – National festgelegte Parameter – Eurocode 3: Bemessung und Konstruktion von Stahlbauten – Teil 1-11:Bemessung und Konstruktion von Tragwerken mit Zuggliedern aus Stahl	Dezember 2010 Dezember 2010	*) *)
	-5 -5/NA	– Teil 5:Pfähle und Spundwände Nationaler Anhang – National festgelegte Parameter – Eurocode 3: Bemessung und Konstruktion von Stahlbauten – Teil 5:Pfähle und Spundwände	Dezember 2010 Dezember 2010	*) *)
	DIN EN 1090-2 Anlage 2.4/2	Ausführung von Stahltragwerken und Aluminiumtragwerken – Teil 2:Technische Regeln für die Ausführung von Stahltragwerken	Oktober 2011	*)
2.7.6	DIN EN 12812 Anlage 2.7/11 E	Traggerüste – Anforderungen, Bemessung und Entwurf	Dezember 2008	*)

*) Beuth-Verlag GmbH, 10772 Berlin
Die Anlagennummern beziehen sich auf ergänzende Hinweise, die [10] direkt entnommen werden können

Tafel 2.6 Europäische Normung für temporäre Konstruktionen [22]

WG 61	Arbeitsgerüste
DIN EN 12811	(Performance requirements for access and working scaffolds)
WG 62	Fassadengerüste aus vorgefertigten Bauteilen (Teil 1 + Teil 2)
DIN EN 12810-1	(Service and working scaffolds made of prefabricated elements)
DIN EN 12810-2	(Service and working scaffolds made of prefabricated elements)
WG 63	Rohre und Kupplungen (nicht aktiv) (Tubes and fittings)
WG 64	Fahrbare Arbeitsbühnen (Mobile access towers)
WG 65	Lastturmstützen
DIN EN 12813	(Methods of accessment of load bearing towers)
WG 66	Bemessung und Konstruktion von Traggerüsten
DIN EN 12812	(Falsework performance and design)
WG 67	Sicherheitsnetze (Safety nets)
WG 68	Baustützen aus Stahl mit Ausziehvorrichtung (Telescopic steel props)
WG 69	Grabenverbaugerüste (Trench lining systems)

Arbeits- und Traggerüste waren in Deutschland ursprünglich in der „Gerüstordnung" (DIN 4420) gemeinsam geregelt. Aufgrund der verschiedenen Bauarten (allein schon bei Arbeitsgerüsten üblicher Bauart) entstand mehr Regelungsbedarf als bei den Traggerüsten.

Für Arbeits-, Fassaden- und Schutzgerüste sind folgende Vorschriften zu beachten: Fassadengerüste

DIN EN 12810-1:2004-03 Teil 1 [11] Produktfestlegungen und
DIN EN 12810-2:2004-03 Teil 2 [12] Besondere Bemessungsverfahren

Temporäre Konstruktionen für Bauwerke

DIN EN 12811-1:2004-03 Teil 1 Arbeitsgerüste [13]
DIN EN 12811-2:2004-03 Teil 2 Informationen zu den Werkstoffen [14]
DIN EN 12811-3:2002 Teil 3   Versuche zum Tragverhalten [15]

Weitere Vorschriften (nicht bauaufsichtlich eingeführt) sind:

DIN 4411:1990 – 10 Bohrgerüste
DIN 4422:1990 – 11 Fahrgerüste

Tafel 2.7 Bauaufsichtlich eingeführte Normen für Arbeits-, Fassaden- und Schutzgerüste nach [10]

Lfd. Nr.	Bezeichnung	Titel	Ausgabe	Fundstelle MBl.NW./ Bezugsquelle
1	2	3	4	5
2.4.3	DIN EN 1999	Eurocode 9:Bemessung und Konstruktion von Aluminiumtragwerken		
	-1-1 Anlage 2.4/8 E -1-1/NA	– Teil 1-1:Allgemeine Bemessungsregeln Nationaler Anhang – National festgelegte Parameter – Eurocode 9: Bemessung und Konstruktion von Aluminiumtragwerken – Teil 1-1: Allgemeine Bemessungsregeln	Mai 2010 Mai 2013	*) *)
	DIN EN 1090-3 Anlage 2.4/3	Ausführung von Stahltragwerken und Aluminiumtragwerken – Teil 3:Technische Regeln für die Ausführung von Aluminiumtragwerken	September 2008	*)
2.7.10	DIN EN 12811-1 Anlage 2.7/13 und 2.7/14	Temporäre Konstruktionen für Bauwerke – Teil 1:Arbeitsgerüste – Leistungsanforderungen, Entwurf, Konstruktion und Bemessung	März 2004	*)
	DIN 4420-1 Anlage 2.7/13	Arbeits- und Schutzgerüste – Teil 1: Schutzgerüste – Leistungsanforderungen, Entwurf, Konstruktion und Bemessung	März 2004	*)

2.5 Erläuterungen zu DIN EN 12812

Traggerüstkonstruktionen sind in DIN EN 12812:2008-12 [16] genormt. Ergänzt wird diese Vorschrift durch die Anwendungsrichtlinie (AwR) für Traggerüste des DIBt [17]. Die Konstruktionen reichen von einfachen Unterstützungen im Hochbau bis zu komplizierten Tragwerken im Ingenieurbau. Zur Unterscheidung lassen sich Bemessungsklassen bilden, bei denen das gleiche Sicherheitsniveau mit unterschiedlichen Mitteln erreicht werden kann:

Zur Bemessungsklasse A gehören alle diejenigen Traggerüste, die man mit handwerklichen Kenntnissen allein errichten kann. Dazu zählen Gerüste des üblichen Hochbaus, deren notwendige Sicherheit vor allem durch konstruktive Maßnahmen erreicht wird. Damit werden Einbauhöhen und Stützweiten begrenzt. Die senkrecht wirkenden gleichmäßig verteilten Lasten sind verhältnismäßig gering. Zeichnungen sind nicht erforderlich, Standsicherheitsnachweise nur dann, wenn die fachliche Erfahrung zur Beurteilung nicht ausreicht.

Mit Bemessungsklasse B2 werden Traggerüste für Brücken und vergleichbare Ingenieurbauwerke mit den derzeit üblichen Anforderungen bezüglich Konstruktion und

Nachweis erfasst. Alle wesentlichen, für die Tragsicherheit erforderlichen Tragglieder und ihre Anschlüsse sind statisch nachzuweisen. Für Bauungenauigkeiten und Ungenauigkeiten in den Rechenannahmen wird eine Erhöhung von 15 % bei der Beanspruchung eingeführt. Zeichnungen sind erforderlich, die die Konstruktion in Grundriss und Schnitten eindeutig festlegen.

Bemessungsklasse B1 stellt höhere Anforderungen an die rechnerischen Standsicherheitsnachweise und die zeichnerische Darstellung. Hierzu gehören insbesondere Traggerüste, die vollständig nach EC 3 und EC 2 Teil 1 und 2 hergestellt werden (z. B. Vorbaurüstungen, Hub- und Arbeitsplattformen für schweren Betrieb). Hier ist kein Zuschlag erforderlich. Eine Übersicht ist in Tafel 2.8 abgedruckt.

Neben den Grundlagen für Standsicherheitsnachweise sind in DIN EN 12812 konstruktive Regeln niedergelegt, die in Abhängigkeit von der Bemessungsklasse unterschiedlich definiert werden. Besondere Aufmerksamkeit gilt den Gerüsten von Bemessungsklasse 2. Die entsprechenden Anforderungen nach [16] Ziffer 5.2.2 werden in den Tafeln 2.9 und 2.10 wiedergegeben.

In Abschnitt 9.3 der Norm werden mit den Gl .16, 17 und 18 geometrische Imperfektionen festgelegt, die in die Berechnung eingeführt werden müssen. Für die am häufigsten im Ingenieurbau auftretende Bemessungsklasse B2 wird in Abschnitt 9.3.4 mit Gl. 19 – 21 mit den zugehörigen Bildern 6 und 7 angegeben, mit welchen Näherungsformeln Verbände von Stützjochen und Stütztürmen sowie aussteifende Verbindungen in der Obergurtebene von Rüstbindern zu bemessen sind. Dabei ist die sogenannte ideelle Schubsteifigkeit von besonderer Bedeutung, die für den Einfluss der Theorie II. Ordnung maßgebend ist. Da die Anschlüsse häufig über Rohrkupplungen gebildet werden, wird deren Weichheit durch eine pauschale Abminderung der Rohrsteifigkeit erfasst:

$$E \cdot A_{\text{eff}} = E \cdot A / \beta$$

Der festgelegte Wert $\beta = 35$ gilt für Normal- und Drehkupplungen und wurde anhand von rechnerischen Untersuchungen und Rückbestimmung aus Versuchen gewonnen. β darf nach Gleichung 23 mit zunehmender Anzahl der wirksamen Diagonalen abgemindert werden, da die Anschlusssteifigkeiten ansteigen.

Bei den Baustoffen ist zu berücksichtigen, das Gerüstbauteile existieren, deren Materialgüten nicht mehr den gültigen Vorschriften entsprechen. Die weitere Verwendung ist aber dennoch erlaubt. Allerdings schreibt die Norm vor, bei nicht genormten Baustoffen Versuche zur Bestimmung der bemessungsrelevanten Kennwerte heranzuziehen. Bei den konstruktiven Anforderungen wird die Mindestdicke 2 mm für Bauteile aus Aluminium und Stahl.

Bei der Bemessung wird das System der Grenzzustände mit Teilsicherheitsbeiwerten zusätzlich zu dem System mit zulässigen Spannungen gültig. Man unterscheidet den

- Grenzzustand der Lagesicherheit und den
- Grenzzustand der Tragfähigkeit.

Tafel 2.8 Brauchbarkeitsnachweis für Traggerüste und Schalungen

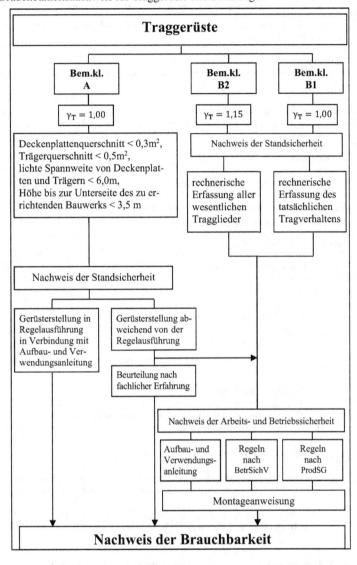

In beiden Fällen ist auch das System der zulässigen Spannungen erlaubt. Ein Rückgriff auf alte (zulässige) Werte ist gestattet, wenn für Baustoffe bzw. Bauteile keine entsprechenden neuen Normen vorliegen.

Bei den Einwirkungen werden 4 Lastfallkombinationen vorgeschrieben:

- Lastfall 1: Leerzustand mit maximalem Wind,
- Lastfall 2: Arbeitsbetrieb mit Arbeitswind,
- Lastfall 3: Volle Nutzung mit maximalem Wind,

Tafel 2.9 Konstruktionshinweise

Ausschottung von Profilträgern
Ausschottungen von Profilträgern sollen wegen der Schwierigkeit der sachgemäßen Ausführung nicht durch Holzverkeilungen hergestellt werden.

Stützenkonstruktionen
Bei Stützentürmen ist die Erhaltung der Querschnittsform sicherzustellen, z. B. durch waagerechte Verbände (Querschotte).

Verbände aus Rohren und Kupplungen
Bei Vertikalverbänden aus Gerüstrohren mit Außendurchmesser 48,3 mm sind die Horizontalriegel im Allgemeinen direkt am auszusteifenden Gerüstbauteil zu befestigen.
Nebeneinanderliegende, um je eine Kupplungsbreite versetzte Verbandsstäbe dürfen beiderseits des auszusteifenden Gerüstteils ohne Nachweis des Knotens angeordnet werden (siehe Tafel 2.10, Bild A), wenn
– das Achsmaß zwischen Horizontalriegelanschluss und äußerster Kupplung höchstens 16 cm beträgt und
– aus Stahlrohren 48,3 mm x 4,05 mm in St 355 höchstens 9 kN, aus solchen Rohren in S 235 < 6 kN durch jede Kupplung in die Knoten eingeleitet werden.

Verbände zwischen Fachwerkträgern
Verbände zur Knicksicherung der Druckgurte von Trägern und zur Ableitung von Kräften quer zur Tragebene sind nach Möglichkeit direkt am Gurt anzuschließen. Anschlussexzentrizitäten e brauchen nicht berücksichtigt zu werden, wenn die nachfolgenden Bedingungen gleichzeitig erfüllt sind (Tafel 2.10, Bild B):

$$e \leq 1{,}5\ b; \quad e \leq 5{,}0\ a$$

$$e \leq 1{,}5\ h; \quad e \leq 0{,}2\ H$$

Dabei bedeuten:

b   Breite des Druckgurtes
h   Höhe des Druckgurtes
a   Durchmesser oder kleinstes Maß der Rüstträger-Verbandsstäbe
H   Abstand der Schwerachsen des Druck- und Zuggurtes

Aus Gründen der Stabilität sind

– bei Endauflagerung der Untergurte immer Endquerverbände (Tafel 2.10, Bild C, Fall A) anzuordnen oder vergleichbare Maßnahmen zu treffen und

– bei Endauflagerung der Obergurte Endquerverbände (Tafel 2.10, Bild C, Fall B oder C) vorzusehen oder vergleichbare Maßnahmen zu treffen, falls kein genauerer Nachweis erbracht wird.

Stützweiten von mehr als 10 m erfordern wenigstens einen zusätzlichen Querverband (Tafel 2.10, Bild C, Fall D) im mittleren Bereich, größere Stützweiten entsprechend mehr.

- Lastfall 4: Lastfall 3 mit Erdbeben (nach AwR [17] in Deutschland unnötig).
- Die Einwirkungsarten unterscheiden sich bei Eigengewicht und dauernder Nutzung nicht, für kurzzeitige Nutzlast sind statt 1,5 bis 5,0 kN/m^2 nunmehr 10 % des Frischbetongewichts anzunehmen in den Schranken zwischen 0,75 und 1,75 kN/m^2. Der Schalungsdruck darf DIN 18218 [18] entnommen werden.

Tafel 2.10 Skizzen zur Erläuterung von Tafel 2.9

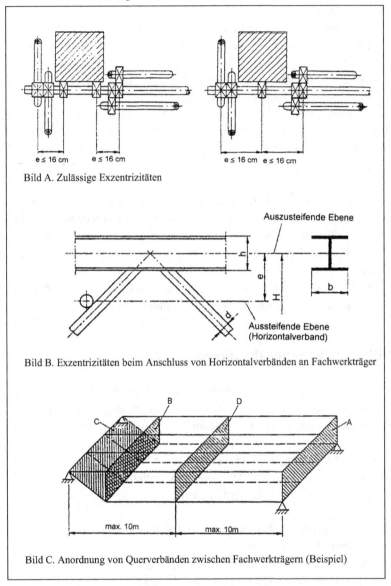

e ≤ 16 cm   e ≤ 16 cm   e ≤ 16 cm   e ≤ 16 cm

Bild A. Zulässige Exzentrizitäten

Auszusteifende Ebene

Aussteifende Ebene
(Horizontalverband)

Bild B. Exzentrizitäten beim Anschluss von Horizontalverbänden an Fachwerkträger

max. 10m   max. 10m

Bild C. Anordnung von Querverbänden zwischen Fachwerkträgern (Beispiel)

- Als Arbeitswind wird der Wert $w = 0,2 \, \text{kN/m}^2$ vorgegeben, für den größten Wind dürfen nationale Normen unter Berücksichtigung von Bodenunebenheiten und Topografie angewendet werden.
- Neben dem Ansaug- und Strömungsdruck bei fließendem Wasser werden in der europäischen Norm auch angeschwemmtes Material und Welleneinwirkung berücksichtigt.

- Beim Lastfall Temperatur werden die Werte für Stahl und Beton um 5 K niedriger als in DIN 4421 angesetzt.
- Die Sicherheitsbeiwerte sind die gleichen wie in DIN 4421.
- Die bauartbedingten Imperfektionen im Gerüstbau aus Lastexzentrizitäten und in Abhängigkeit von der Art der Verbindung sind in Bezug auf Spindeln und Steckverbindungen identisch. Bei Stützenschrägstellungen und modularen Fachwerkträgern sind sie in etwa gleich, für modulare Stützen abweichend.
- Bei der Schnittkraftermittlung gestattet DIN EN 12812 im Gegensatz zu DIN 4421 bei Gerüstgruppe P neben dem Verfahren elastisch/elastisch auch das Verfahren elastisch/plastisch; bei einmaligem Einsatz plastisch/plastisch (nach den Regeln für Dauerbauwerke).

Für Gerüstgruppe Q sind die Berechnungsmodelle in etwa gleich. Das Verfahren elastisch/plastisch ist erlaubt. Bei Spannstahlabspannungen entsprechend DIN EN 12812 muss $\beta = 2$ bei Ermittlung der Schubsteifigkeit gerechnet werden. Dies bedeutet gegenüber DIN 4421 eine Verringerung der Schubsteifigkeit, weil dort wegen der leichten Vorspannung von 30 kN mit $\beta = 1$ gerechnet wird.

Charakteristische Widerstände zul R dürfen entgegen DIN 4421 (bei Zustimmung im Einzelfall oder Zulassung) auch durch Versuche ermittelt werden.

2.6   Prüf- und Sicherheitsbestimmungen

Neben den technischen Regeln für die Berechnung und Konstruktion von Schalungen und Gerüsten sind besondere Prüf- und Sicherheitsbestimmungen zu beachten, die beim Auf- und Abbau sowie bei den Arbeiten an und auf Traggerüsten und Schalungen zu befolgen sind.

Konkurrierende Regelungen sind im europäischen Recht nicht zulässig. Deshalb sind die nationalen Unfallverhütungs- und berufsgenossenschaftlichen Vorschriften nicht mehr gültig. Maßgebend sind stattdessen harmonisiert:

- das Geräte- und Produktsicherheitsgesetz (GPSG), seit 8.11.2011 das Produktsicherheitsgesetz (ProdSG) [19] sowie
- die Betriebssicherheitsverordnung (BetrSichV) [20] und
- DIN 18451:2015-08, VOB Teil C Gerüstbauarbeiten [21]

In § 3 ProdSG heißt es sinngemäß: ... „bei bestimmungsgemäßer Verwendung oder vorhersehbarer Fehlanwendung darf durch ein in den Verkehr gebrachtes Produkt Sicherheit und Gesundheit von Verwendern oder Dritten nicht gefährdet werden ... und ... vorhersehbare Fehlanwendung ist die Verwendung eines Produkts dergestalt, die vom in Verkehr Bringenden nicht vorgesehen ist, sich aus dem vorsehbaren Verhalten des zu erwartenden Verwenders ergeben kann ... "

Tafel 2.11 Rangfolge der Bauvorschriften

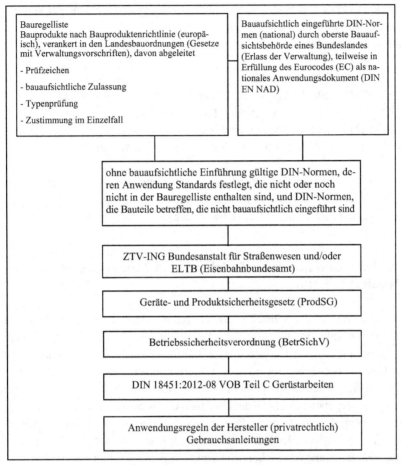

Im Kontext mit der BetrSichVO bedeutet dies, dass Tätigkeiten gefährdungs- und nicht vorschriftenorientiert zu beurteilen und die Arbeitsschutzmaßnahmen durch den jeweiligen Arbeitgeber durch Risikoanalyse zu ermitteln sind.

In Abschnitt 1, § 4 BetrSichVO wird deshalb gefordert:

- Eine Gefährdungsbeurteilung,
- Schutzmaßnahmen nach dem Stand der Technik,
- Verwendung nach dem Stand der Technik,

sowie in Abschnitt 3 zusätzliche Vorschriften für überwachungsbedürftige Anlagen; für Gerüste im Anhang 1 unter Abschnitt 3.2 Vorschriften, die in den einschlägigen DIN-Normen für Trag-, Arbeits-, Fassaden- und Schutzgerüste Eingang gefunden haben.

Überdies wird in [21], Abschnitt 3 ausgeführt, dass ... „Gerüste in einem für den vertragsgemäßen Gebrauch geeigneten Zustand zu überlassen und während der Vertragsdauer in diesem Zustand erhalten bleiben müssen ... ".

Damit sind zu beachten:

- DIN EN 12812:2008-12 Abschnitt 9.13 Angaben für die Baustelle
- DIN EN 12812:2008-12 Anhang A Koordination der Traggerüstarbeiten
- DIN EN 12811-1:2004-03 Abschnitt 7 Produkthandbuch
- DIN EN 12811-1:2004-03 Abschnitt 8 Aufbau- u. Verwendungsanleitung
- DIN EN 12811-1:2004-03 Abschnitt 9 Arbeiten auf der Baustelle

Tafel 2.11 unterscheidet den öffentlichen und den privaten Teil der Bauvorschriften. Privatrechtlich sind neben den bereits aufgeführten die Regeln des Handwerks und Anwendungsregeln der Hersteller (Gebrauchsanleitungen) zu beachten.

2.7   Bauliche Durchbildung, Errichten und Benutzen von Arbeitsgerüsten

Gerüste sind ausreichend auszusteifen (zu verstreben). In den Knotenpunkten von horizontalen und vertikalen Bauteilen sind die Verstrebungen fest zu verbinden. Einem Strebenzug dürfen höchstens 5 Gerüstfelder zugeordnet werden. Dabei dürfen die Ständer nicht auf Biegung beansprucht werden. Sind Gerüste nicht ausreichend standsicher, müssen sie verankert werden. Horizontale und vertikale Abstände der Verankerung sind abhängig von den Regelausführungen der einzelnen Gerüstbauarten oder auch von der statischen Berechnung. Für die Regelausführung von Standgerüsten müssen die Verankerungen Mindestwerte horizontaler Kräfte aufnehmen können. Sie betragen bei Parallelbeanspruchung zum Bauwerk 1,7 kN, bei rechtwinkliger Beanspruchung zum Bauwerk 2,5 kN und bei Gerüsthöhen über 15 m rechtwinklig zum Bauwerk 5,0 kN. Verankerungen dürfen nicht an Schneefanggittern, Blitzableitern, Dachrinnen, Fallrohren, Fensterrahmen oder nicht tragfähigen Fensterpfeilern angebracht werden. Der Verankerungsgrund muss in der Lage sein, die erforderlichen Ankerkräfte sicher zu übertragen. Im Zweifelsfall sind Auszugsversuche erforderlich.

Der betriebssichere Auf- und Abbau von Gerüsten liegt in der Verantwortung des Gerüstbauunternehmers. Für eine Prüfung des Gerüsts hat er zu sorgen. Eine Übersicht für die Überprüfung liefert Tafel 2.12. Eine ordnungsgemäße Erhaltung der Betriebssicherheit und Benutzung der Gerüste obliegt den Unternehmern, die sich der Gerüste bedienen. Das Auf-, Um- und Abrüsten darf nur unter sachkundiger Aufsicht erfolgen. Gerüste, die von der Regelausführung abweichen, müssen den besonderen konstruktiven und statischen Anforderungen entsprechen. Die dazu notwendigen Zeichnungen müssen auf der Verwendungsstelle vorliegen. Zur Lastableitung in den Untergrund muss eine sichere, unverrückbare Unterlage (Fußplatten, Kanthölzer, Bohlen) angeordnet werden, soweit eine

Tafel 2.12 Prüfdiagramm für Arbeits- und Schutzgerüste [13]

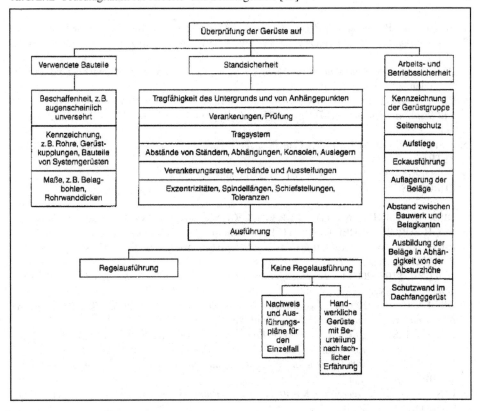

ausreichende Lastübertragung in den Untergrund nicht unmittelbar sichergestellt ist. Besondere Aufmerksamkeit ist den elektrischen Leitungen zu schenken. Mindestabstände sind in Abhängigkeit von der Nennspannung zu beachten.

Öffentliche Anlagen müssen zugänglich bleiben (Feuermelder, Kabelschächte, Hydranten). Fahrbare Standgerüste dürfen erst benutzt werden, wenn sie gegen unbeabsichtigtes Bewegen gesichert werden.

Serienmäßig hergestellte Gerüstbauteile und -systeme haben neben einer bauaufsichtlichen Zulassung eine Aufbau- und Verwendungsanweisung. Sie enthält die bestimmungsgemäße Verwendung des Bauteils oder des Systems einschließlich aller zulässigen Belastungen und der Eigenlast und muss zur Einsicht auf der Baustelle vorliegen.

Literatur

1. SIEGBURG: P.: *Anerkannte Regeln der Bautechnik-DIN-Normen*, Baurecht, 4/1985, S367–388
2. BVerfG: *Bundesverfassungsgericht*, Neue Juristische Wochenschrift 1979, S. 359–362; 1980 S. 759–761
3. BauONW: *Landesbauordnung Nordrhein-Westfalen*, Gesetz- und Verordnungsblatt Nordrhein-Westfalen Stand vom 7.4.2015
4. BUNDESANSTALT FÜR STRASSENWESEN: *Zusätzliche Technische Vertragsbedingungen und Richtlinien für Ingenieurbauten*, ZTV-ING, Teil 6 Bauverfahren, Abschnitt 1 Traggerüste, Stand 2014/12
5. EISENBAHN-BUNDESAMT: *Eisenbahnspezifische Liste Technischer Baubestimmungen*, ELTB, Stand 01/2016
6. EUROPÄISCHE GEMEINSCHAFT: *Ratsprotokoll* Juli 1984
7. EUROPÄISCHE GEMEINSCHAFT: *EG-Richtlinie 89/106/EWG*, Europäische Akte, Kap. 8a, 1.7.1987
8. DIfBt DEUTSCHES INSTITUT FÜR BAUTECHNIK: *Bauregelliste A-C*, Stand 2015/2
9. EUGH EUROPÄISCHER GERICHTSHOF: *Urteil C 100/13*, 16.10.2014
10. LAND NRW: *Ministerialblatt für das Land Nordrhein-Westfalen*, 7.4.2015, Nr. 8, S. 166 ff., Bagel Verlag, Düsseldorf
11. DIN EN 12810-1:2004-03, *Fassadengerüste aus vorgefertigten Bauteilen, Teil 1, Produktfestlegungen*, Beuth Verlag, Berlin, 2004
12. DIN EN 12810-2:2004-03, *Fassadengerüste aus vorgefertigten Bauteilen, Teil 2, Besondere Bemessungsverfahren und Nachweise*, Beuth Verlag, Berlin, 2004
13. DIN EN 12811-1:2004-03, *Temporäre Konstruktionen für Bauwerke, Teil 1 Arbeitsgerüste, Leistungsanforderungen, Entwurf, Konstruktion und Bemessung*, Beuth Verlag, Berlin, 2004
14. DIN EN 12811-2:2004-03, *Temporäre Konstruktionen für Bauwerke, Teil 2, Informationen zu den Werkstoffen*, Beuth Verlag, Berlin, 2004
15. DIN 12811-3:2002, *Temporäre Konstruktionen für Bauwerke, Teil 3*, Versuche zum Tragverhalten, Beuth Verlag, Berlin, 2002
16. DIN EN 12812:2008-12, *Traggerüste, Anforderungen, Bemessung und Entwurf*, Beuth Verlag, Berlin, 2008
17. DIBt, DEUTSCHES INSTITUT FÜR BAUTECHNIK: *Anwendungsrichtlinie für Traggerüste nach DIN 12812*, Fassung August 2009
18. DIN 18218:2010-01, *Frischbetondruck auf lotrechte Schalungen*, Beuth Verlag, Berlin, 2010
19. PRODSG: *Produktsicherheitsgesetz*, Neufassung 8.11.2011, BGBl. I, S. 2178, letzte Änderung 8.9.2015
20. BETRSICHV: *Betriebssicherheitsverordnung*, 13.7.2015, BGBl. I, S. 1178
21. DIN 18451:2012-08, *VOB Teil C, Gerüstbauarbeiten*, Beuth Verlag, Berlin
22. PELLE, K.: *Traggerüste im konstruktiven Ingenieurbau – Prüf- und Sicherheitsbestimmungen, nationale und europäische Normung*, VDI-Berichte 1348, S. 159 ff., VDI-Verlag Düsseldorf 1997

Einwirkungen und Widerstände

3

Zur Beurteilung der Standsicherheit von Gerüsten und Schalungen sind die Beanspruchungen der verwendeten Bauteile und die Materialwiderstände – so wie im Bauwesen üblich – miteinander zu vergleichen. Die Beanspruchungen resultieren aus den Einwirkungen, die Materialwiderstände können als Traglasten, Schnittgrößen oder Spannungen definiert werden. Einwirkungen und Widerstände sind keine festen Werte, sondern die in den technischen Regeln verankerten Größen streuen um statistische Mittelwerte. Die Streuung ist bei Einwirkungen und Widerständen unterschiedlich, so dass für einen sicheren Abstand einer Beanspruchung gegenüber dem Versagen unterschiedliche Teilsicherheitsbeiwerte eingeführt werden müssen. Darüber hinaus werden bei Gerüsten (in geringerem Maße auch bei Schalungen) die bauartbedingte Unsicherheit durch „weiche" Verbindungen, die Montage und die Abnutzung durch Mehrfacheinsatz über einen entsprechenden weiteren Teilsicherheitsbeiwert auszugleichen sein.

3.1 Einwirkungen für Traggerüste

Die einwirkenden Lasten lassen sich in Vertikal- und Horizontallasten gliedern (Tafel 3.1).

3.1.1 Vertikale Lasten

Die Schalung muss alle beim Betonieren entstehenden vertikalen Lasten aufnehmen und ableiten:

- Frischbetongewicht,
- Lasten aus Fördergeräten,
- Betonanhäufungen beim Einbau,
- Verkehrslasten aus Arbeitspersonal und Gerätelasten.

© Springer Fachmedien Wiesbaden GmbH 2017
W. Jeromin, *Gerüste und Schalungen im konstruktiven Ingenieurbau*,
DOI 10.1007/978-3-658-16115-6_3

Tafel 3.1 Einwirkungen bei Traggerüsten und Schalungen

<u>**Vertikallasten**</u>

Ständige Lasten
Schalungseigenlast, nach DIN ENV 1991-1-1 Lastannahmen für Bauten

Nutzlasten
a) für Traggerüste
   laut DIN EN 12812:2008-08, Ziff. 8.2.2.1.2 auf einer Fläche von 3,0 x 3,0 m 10% der
   aufzubringenden Frischbetoneigenlast, jedoch nicht weniger als 0,75 kN/m²
   und nicht mehr als 1,75 kN/m², auf der Restfläche 0,75 kN/m²

b) für Arbeits- und Schutzgerüste
   laut DIN EN 12811-1:2004-03.

Betonlasten
nach DIN EN 12812:2008-08, Ziff. 8.2.2.1.
Stahlbeton   25 kN / m³
Zuschlag für Frischbeton (fakultativ)   1 kN / m³
                                            26 kN / m³

<u>**Horizontallasten**</u>

Betonschalungsdruck
Betonschalungsdruck auf lotrechte Schalungen – DIN 18218.

V/100
Laut DIN EN 12812, Ziff. 8.2.2.2 ist bei Traggerüsten eine horizontale Ersatzlast in Höhe
der Schalungsunterkante anzusetzen. Sie beträgt 1/100 der örtlichen Vertikallast.

Windlasten (für Traggerüste) *
Windlasten laut DIN EN 1991-1-4, Abminderungen abh. von der Einsatzdauer

Arbeitswind 0,2 KN/m²

Abtriebskräfte
Horizontalkräfte aus Schiefstellungen (Imperfektionen) nach DIN EN 12812, Ziff. 9.3

Seitenkraft an Geländern
Waagerechte Einzellast P = 0,3 kN in ungünstiger Stellung nach DIN EN 12811-1

Eis, Schnee, Erdbeben
Ggf. im Einzelfall erforderlich.

Strömungsdruck
Nach DIN EN 12812, Ziff. 8.2.5.1

Treibgut
Nach DIN EN 12812, Ziff.8.2.5.2
*) Für Arbeitsgerüste gelten andere Regeln entsprechend.

Bei der Bauzeitverkehrslast (Fördergeräte, Betonanhäufungen, Arbeitspersonal) ist zu
berücksichtigen, dass in Abhängigkeit von der Menge des einzubringenden Betons eine
Differenzierung zwischen üblichem Hochbau und Brückenbau notwendig wird, denn das
Einbringen beispielsweise von Ortbeton auf bauteilintegrierter Schalung bedingt wesentlich weniger an Verkehrslast als beispielsweise das Betonieren eines Brückenquerschnitts

Abb. 3.1 Aufnahme des Schalungsdrucks [3]

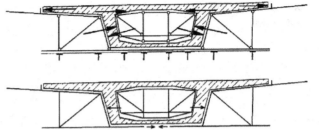

Abb. 3.2 Horizontalkräfte bei rahmenartiger Schalungsausbildung [3]

von 2 m Höhe. Aus diesem Grund geht der Verkehrslastansatz von einer Grundbelastung aus, die darüber hinaus auf einer definierten Fläche Zusatzlasten in Abhängigkeit vom Frischbetongewicht fordert, wobei ein unterer und ein oberer Grenzwert gelten.

Die Rüstträgerlage ist dasjenige Element des Gerüstes, das die Lasten aus der Schalung direkt aufzunehmen und an die vertikalen Bauglieder des Gerüstes abzugeben hat. Die Lasten sind die gleichen wie bei der Schalung. Hinzu kommt das

• Eigengewicht der Trägerlage.

Das nachfolgende Bild zeigt Schalung und Rüstträgerlage in einer prinzipiellen Darstellung (Abb. 3.1).

3.1.2 Horizontale Lasten

Die Schalung muss auch die beim Betonieren entstehenden horizontalen Lasten

• Schalungsdruck des noch nicht erhärteten Betons und
• Windlasten

aufnehmen.

Die Rüstträgerlage nimmt außer den vertikalen Lasten die Windlasten auf die Trägerlage auf.

Zwischen Seitenschalungen muss der horizontale Betonierdruck entweder durch Verspannung oder über die untere Kantholzlage ausgeglichen werden. Die Kantholzlage muss dann für diese Zugkraft zusätzlich bemessen werden, bei nicht über die volle Breite des Überbaus durchgehender Kantholzlage ist ein Zugstoß auszubilden (Abb. 3.2).

Auch in jedem beliebigen Schüttzustand ist auf das Gleichgewicht der horizontalen Lasten zu achten.

Bei einer biegesteifen Verbindung der Seitenschalung mit der Bodenschalung wird der Schalungsdruck auf die Seitenschalung durch eine gleich große Reibungskraft auf dem Schalboden ausgeglichen. Eine Belastung des Untergerüsts entsteht dadurch nicht (Abb. 3.3a).

Abb. 3.3 Wirkung des Schalungsdrucks [3]

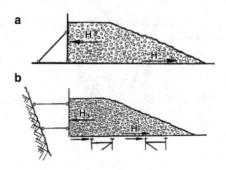

Wird jedoch die Seitenschalung, wie das häufig geschieht, nach außen z. B. gegen das Widerlager oder das Erdreich abgestützt, so erfolgt der Lastausgleich erst über die Erdscheibe, d. h. das Untergerüst wird durch eine Horizontalkraft in der Größe des seitlichen Schalungsdruckes beansprucht. Das Untergerüst muss hierfür bemessen werden (Abb. 3.3b).

Besonders große Sorgfalt muss auf die Ausbildung der Seitenschalung im Zwickelbereich von schiefen Platten gelegt werden. Während im Normalbereich der Platte ein Ausgleich der seitlichen Schalungsdrücke über Verspannung oder Schalboden möglich ist, muss im Bereich der spitzen Plattenecke ein Ausgleich zwischen Seitendrücken unterschiedlicher Wirkungsrichtung herbeigeführt werden.

Dies ist oft nur mit großem konstruktiven Aufwand möglich. So wird häufig der Schalungsboden im Zwickelbereich scheibenartig ausgebildet und z. B. an die Lagersockel über dem Widerlager angehängt (Abb. 3.4).

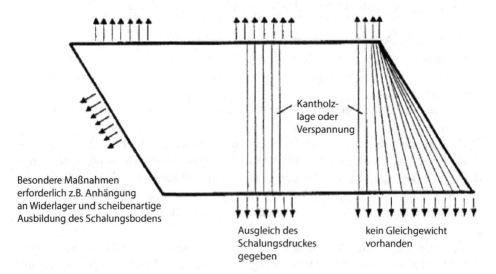

Abb. 3.4 Schalungsdruck bei schiefen Platten [3]

3.1.2.1 Ermittlung des Schalungsdrucks

Die bisher angegebenen Lasten lassen sich bis auf den Schalungsdruck einschlägigen technischen Regeln entnehmen. Für den horizontalen Seitendruck auf senkrechte Betonwände gibt es zuverlässige technische Regeln, nach denen gerechnet werden kann. Die Druckverhältnisse ändern sich mit der Festigkeitszunahme des Frischbetons, der sich beim Einbringen in einem quasi flüssigen Zustand befindet. Es bestünde prinzipiell keine Schwierigkeit, den Seitendruck dann als hydrostatischen Druck aufzufassen und entsprechend zu rechnen. Für kleine Schalungshöhen ist dies praxisüblich. Liegen jedoch höhere, schräge oder gekrümmte Seiten vor, sind die Einwirkungen schwieriger abzuschätzen, denn von Einfluss sind dann auch

- Reibung an der Schalungswand,
- Wirkung von Rüttlern,
- Konsistenz und Temperatur des Betons,
- Steiggeschwindigkeit in der Schalung.

Weiterhin ist die zeitliche Abnahme des Schalungsdrucks infolge der Zunahme der Betonfestigkeit von Bedeutung.

Maßgebend für die Reibung des Frischbetons an der Schalungswand ist die Oberflächenrauhigkeit. Bei der Wirkung der Reibung unterscheidet man Gleitreibung und Haftreibung, die in der Regel größer ist als die Gleitreibung. Die Reibungsbeiwerte schwanken zwischen 0 % (weicher Beton) und 50 % (steifer Beton).

Im Ergebnis kann man nach SPECHT [4] rechnerisch den Schalungsdruck des Betons in Abhängigkeit von der Steiggeschwindigkeit und vom Seitendruckbeiwert angeben. Dabei werden eine konstante Rütteltiefe sowie eine konstante Abbindezeit unter Berücksichtigung einer Betontemperatur von 20 °C vorausgesetzt. Da die Bestimmung des Seitendruckbeiwerts λ_0 schwierig ist, sind in der entsprechenden technischen Regel [8] Diagramme für die Ermittlung des horizontalen Frischbetondrucks in Abhängigkeit von der Betonsteiggeschwindigkeit und der Betonkonsistenz (dies ist quasi die Einwirkung des Faktors λ_0) enthalten (Tafel 3.2).

3.1.2.2 Schalungsbeanspruchungen bei Gleitschalungen

Während bei ortsfesten Schalungen (und auch bei Kletterschalung) die Reibung zwischen Beton und Schalung als rechnerische Größe bei der Bemessung der einzelnen Schalungsbauteile keine Rolle spielt, sind die Verhältnisse beim Gleiten der Schalung wesentlich komplizierter. Die Einflüsse entsprechen denen von Abschn. 3.1.2.1, die Bemessungswerte haben einen großen Streubereich. Grundlegende Arbeiten von HERMANN [5] und DROESE [6] liefern in Abhängigkeit von vielen Parametern Werte, die in Heft 414 des Deutschen Ausschusses für Stahlbeton [7] ihren Niederschlag gefunden haben.

Für den Ansatz des Schalungsdrucks wird dort ein Maximalwert von rund $10\,\text{kN/m}^2$ empfohlen (Abb. 3.5). Gemessene Werte des Schalungsdrucks schwanken in Abhängig-

Tafel 3.2 Frischbetondruck nach DIN 18218:1980-09 [20]

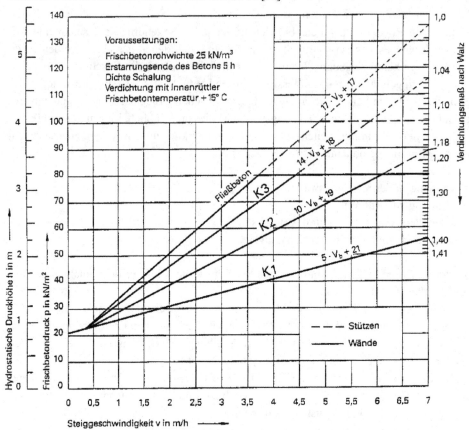

keit von der Gleitgeschwindigkeit zwischen 6,0 und 11,2 kN/m². Die Schalungsreibung je laufenden Meter Schalung schwankt nach [5] zwischen 4,0 und 7,5 kN/m, und nach [6] werden bei mittleren Gleitgeschwindigkeiten von 4 bis 6 m/Tag Reibungskräfte von 9 kN/m unter Zugrundelegung erhöhter zulässiger Spannungen bzw. 6 kN/m bei Anwendung von zulässigen Spannungen empfohlen. Gemessene Werte in Abhängigkeit von Kornform und Sieblinie schwanken zwischen 5,8 und 8,1 kN/m, in Abhängigkeit von Zementsorte und Gleitgeschwindigkeit zwischen 5,1 und 7,6 kN/m.

Von besonderer Bedeutung ist die Wirkung von Stillstandzeiten, die nach dem DBV-Merkblatt „Gleitbauverfahren" [8] fünfzehn Minuten nicht überschreiten sollen. Nach längeren Stillstandzeiten ergeben sich beim Anfahren der Gleitschalung durch Reibungskräfte Risse, vorzugsweise im Bereich der Betondeckung.

Aus den Rechenansätzen entsprechend Tafel 3.3 lassen sich sehr gute Übereinstimmungen mit den Baustellenmessungen für die Bemessung von Hebebock und unterem Rahmenholz sowie oberem Rahmenholz ableiten (Abb. 3.6).

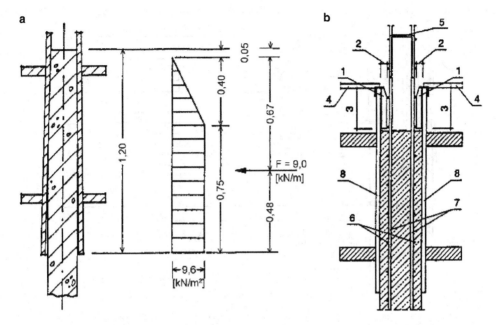

Abb. 3.5 Schalungsdruck bei Gleitschalung [8] **a** Schalungsdruck,
b Detail:
1 Gleithaken,
2 Nennmaß der Betondeckung,
3 Länge der Gleithaken,
4 Arbeitsbühnenbelag,
5 Distanzhalter,
6 Waagerechte Bewehrung,
7 Lotrechte Bewehrung,
8 Schalhaut

Tafel 3.3 Schalungsdruck für Gleitschalung

Schalungsdruck	Baustellenmessung (99%-Fraktilwert) (kN/m)	Rechn. Ansatz gem. Abb. 3.6 (kN/m)
Auf oberes Rahmenholz	5,6	5,3
Auf unteres Rahmenholz	5,3	5,4
Gesamt	6,4	6,7

Voraussetzung für die Verwendung der vorstehenden Angaben sind Schalungshöhen $\leq 1,20\,$m und Mindestwanddicken von 18 cm. Dies ist praxisüblich.

In konstruktiver Hinsicht wichtig für die Erhaltung der Betondeckung sind Gleithaken, die den konstanten Abstand der Bewehrung von der Schalhaut sichern (Abb. 3.5b).

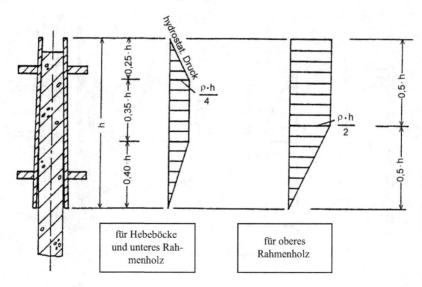

Abb. 3.6 Schalungsdruck für Bauteile bei Gleitschalung [8]

Der verwendete Beton soll B35 nicht überschreiten. Neuere Untersuchungen [9] zeigen, dass die Reibungskräfte bei Verwendung höherer Betongüten abnehmen und Beeinträchtigungen des Abbindens des Betons durch das Bauverfahren nicht eintreten.

Hinsichtlich des Verbundverhaltens sind die Bestimmungen von DIN EN 1992-1-1 [10], Ziff. 8.2 und 8.3 eindeutig und ausreichend. Voraussetzung ist dabei eine Abstufung der Übergreifungslängen in Abhängigkeit vom Durchmesser und eine Begrenzung der Stablängen auf Maße zwischen 3 m und 8 m in Abhängigkeit vom Durchmesser. Die freie Kraglänge der Stäbe $< \varnothing 14\,\text{mm}$ darf dabei nicht größer sein als 2,00 m bzw. bei Stäben $> \varnothing 14\,\text{mm}$ nicht größer als 1,50 m [7]. Unter den genannten Voraussetzungen ist die Gleitschalung mit ihren schwierigeren Randbedingungen mit stationären Schalungen gleichwertig.

In jüngerer Zeit wird häufiger als früher statt der Gleitschalung selbstkletternde (hydraulisch gesteuerte) Kletterschalung verwendet, die hinsichtlich ihrer Technologie einfacher zu handhaben ist und die Festigkeitsprobleme des aus der Gleitschalung gerade freigewordenen Betons nicht kennt.

3.1.3 Einwirkungen aus Schiefstellungen und Temperatur

Unter Schiefstellungen sind nicht Neigungen von Gerüstträgern (Vollwand- oder Fachwerkträger) zu verstehen, sondern unvermeidbare Richtungsabweichungen von Stützen oder von Verbänden, die zusätzliche Schnittkräfte verursachen.

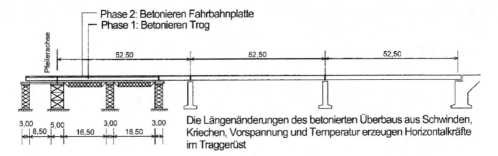

Abb. 3.7 Zwängungskräfte auf Traggerüste

Schiefstellungen entstehen auch aus der Wirkung unterschiedlicher Setzungen. Diese verändern die Lastverteilung aus dem Obergerüst auf das Untergerüst erheblich und können zu Überlastungen von Bauteilen, vor allem der Stützen und ihrer Verbände führen.

Einwirkungen aus Temperatur beziehen sich auf Zusatzbeanspruchungen aus der Temperatur des Frischbetons (abfließende Hydratationswärme), aus dem Schwinden des Überbaus, vor allem aber aus Temperaturänderungen angekoppelter Überbauten.

Zwangsbeanspruchungen können entstehen aus dem Vorspannen des Überbaus und aus Verschiebewiderständen (Abb. 3.7).

3.2 Einwirkungen für Arbeitsgerüste

Die grundsätzlichen Bemerkungen zu Einwirkungen und Widerständen sind auch für Arbeits- und Schutzgerüste gültig. Es ist in Vertikal- und Horizontallasten als Einwirkung zu unterscheiden. Wärmewirkungen und Setzungen dürfen unberücksichtigt bleiben.

3.2.1 Vertikale Lasten

Man unterscheidet

- Eigengewicht nach DIN EN 1991-1-1 [1]
- Verkehrslasten nach DIN EN 12811-1:2004-03 [18]

Die Verkehrslasten auf den einzelnen Gerüstlagen sind von der Art der Nutzung abhängig. Schnee- und Eislasten dürfen unberücksichtigt bleiben, da unterstellt wird, dass Schnee und Eis geräumt werden, bevor die Gerüstarbeiten fortgesetzt werden. Die Höhe der Nutzlast ist abhängig von der Lastklasse entsprechend [18], Tabelle 3 (Tafel 3.4).

Tafel 3.4 regelt die Berechnungsnutzlasten in Abhängigkeit von ihrer Wirkung auf einer Teilfläche der Gerüstlage, denn Gerüste werden nicht durch gleichmäßig verteilte,

Tafel 3.4 Verkehrslasten bei Arbeitsgerüsten [18]

1	2	3	4	5	6
Lastklasse	Gleichmäßig verteilte Last	Einzellast[a]		Teilflächenlast	
	q_1	F_1	F_2	q_2	Teilflächenfaktor
	kN/m²	kN		kN/m²	α_p
1	0,75[b]	1,5	1,0	–	–
2	1,50	1,5	1,0	–	–
3	2,00	1,5	1,0	–	–
4	3,00	3,0	1,0	5,0	0,4
5	4,50	3,0	1,0	7,5	0,4
6	6,00	3,0	1,0	10,0	0,5

[a] F_1 Belastungsfläche $0,5\,\text{m} \times 0,5\,\text{m}$, mindestens jedoch 1,5 kN je Belagteil
F_2 Belastungsfläche $0,2\,\text{m} \times 0,2\,\text{m}$
[b] für Belagteile $p = 1,50\,\text{kN/m}^2$

sondern örtlich konzentrierte Verkehrslasten beansprucht. Die Ersatzlasten bezogen auf eine Teilfläche sind als Einzellastfälle zu behandeln. Der größte Wert ist maßgebend.

3.2.2 Horizontale Lasten

Es sind zu unterscheiden:

- Windlast nach [18] Abschnitt 6.2.7,
- grundsätzlich gilt DIN EN 1991 − 1 − 4 [2] (Staudruck), i. A. $c_f = 1,3$; auch bei Bekleidung mit Netzen oder Planen bei senkrechter Anströmung,
- bei Parallelströmung gilt für Netze $c_f = 0,3$; bei Planen $c_f = 0,1$.
- Der Lagebeiwert c_s ist Abb. 3.8 zu entnehmen. Er beträgt 1,0 auch bei Netzen und Planen.
- Der Standzeitfaktor beträgt i. A. 0,7.

Für die Wirkung der Windlasten sind verschiedene Lastkombinationen anzusetzen:

- größte Windlast,
- Arbeitswind.

In Tafel 3.5 sind die Ersatzstaudrücke q_i in Abhängigkeit von der Lastkombination angegeben. In Abhängigkeit von der Durchlässigkeit der Gerüstkonstruktion ist in Abb. 3.9 ein Lagebeiwert für nicht bekleidete Fassadengerüste bei Wind senkrecht zur Fassade definiert. Er ist abhängig vom Verhältnis Ansichtsfläche der Fassade bei Abzug der Öffnungen $(A_{B,n})$/Ansichtsfläche der Fassade $(A_{B,g})$.

Abb. 3.8 Lagebeiwerte $c_{s_\perp}$
für bekleidete Arbeitsgerüste
vor einer Fassade [18],
1 Bei Bekleidung mit Netzen
bei rechtwinkliger und paralle-
ler Anströmung,
2 Bei Bekleidung mit Planen
bei rechtwinkliger und paralle-
ler Anströmung,
3 Bei Bekleidung mit Planen,
jedoch nur zur Berechnung
der Verankerungszugkräfte
rechtwinklig zur Fassade,
$c_{s_\perp}$ Lagebeiwert,
φ_B Völligkeitsgrad

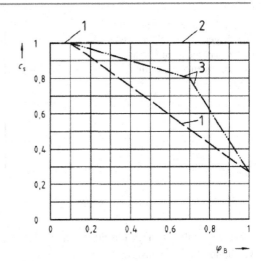

Für rechtwinklig zur Fassade einwirkende Windkräfte ist der Beiwert von $c_{s_\perp}$ aus Abb. 3.9 zu entnehmen. Er hängt vom Völligkeitsgrad φ_B ab, der sich wie folgt ergibt:

$$\varphi B = \frac{A_{B,n}}{A_{B,g}}$$

Dabei sind

$A_{B,n}$ Nettofläche der Fassade (ohne die Flächen von Öffnungen)
$A_{B,g}$ Gesamtfläche der Fassade.

In [11] wird berichtet, dass Ankerkräfte verkleideter Gerüste aus Windbelastung rechtwinklig zur Fassade bis zu fünfmal größer sein können als bei unverkleideten Gerüsten.
Diese Tatsache erfordert, die Ankerabstände in Höhe und Breite entsprechend anzupassen.

Da Arbeits-, Fassaden- und Schutzgerüste temporäre Bauwerke sind, wird die Beanspruchung durch Wind in Abhängigkeit von der Standzeit durch einen Standzeitfaktor χ
entsprechend Tafel 3.5 berücksichtigt. Bei Standzeiten von mehr als zwei Jahren ist der
Standzeitfaktor 1,0 anzusetzen.

Abschattungen dürfen nicht berücksichtigt werden, aerodynamische Kraftbeiwerte
sind dort ebenfalls zu entnehmen.

Tafel 3.5 Angaben zur Berechnung der Windlasten [18]

Zeile	Lastkombinationen	Staudruck	χ	Lagebeiwert für Fassadengerüste
1	Größte Windlast	p_1 nach Abb. 3.8	0,6	Siehe Abb. 3.9
2	Arbeitsbetrieb (allgemein)	$p_2 = 0{,}2\,\text{kN/m}^2$	1,0	Siehe Abb. 3.9

Abb. 3.9 Lagebeiwert $c_{s\perp}$ für Arbeitsgerüste vor einer Fassade bei senkrecht zur Fassade einwirkenden Windkräften [18]

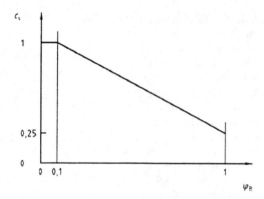

Horizontale Ersatzlasten aus dem Arbeitsbetrieb sind mit 3 % der örtlich wirkenden vertikalen Verkehrslast, mindestens 0,3 kN pro Gerüstfeld in ungünstigster Stellung anzusetzen. Sie entfallen, wenn Windlasten berücksichtigt werden müssen.

Ersatzlasten auf Teile des Seitenschutzes sind für eine Einzellast von 0,3 kN zu bemessen mit einer elastischen Grenzdurchbiegung von 35 mm.

Bordbretter sind für eine horizontale Einzellast von 0,15 kN zu bemessen.

Für Fassadengerüste aus vorgefertigten Bauteilen entsprechend DIN EN 12810-1:2004-3 [17] Ziff. 8.3, Windlasten, ist der Bemessungsstaudruck nach Bild 3 der Norm zu verwenden. Die aerodynamischen Kraftwerte sind die gleichen wie in [18] mit Ausnahme der Windbeanspruchung senkrecht zur Fassade bei Bekleidung; er beträgt $c_f = 1,3$. Der Lagebeiwert beträgt bei unbekleidetem Gerüst und Beanspruchung senkrecht zur Fassade $c_s = 0,75$; alle anderen entsprechen [18].

3.3 Widerstände für Traggerüste

Unter dem Begriff Widerstand ist hier die auf der Grundlage zulässiger Spannungen zu verstehen. Für Schalungen gilt dies nach DIN 1052 noch auf dem Niveau von Gebrauchslasten. Für die Ausnutzung von Schalhaut und Holzgitterträger sind in den Tafeln 3.6, 3.7 und 3.8 beispielhaft Angaben gemacht.

Für Stahlbauteile von Gerüsten gilt vornehmlich DIN EN 1993-1-1 [13]. Die nutzbaren Widerstände werden dabei jedoch mit Teilsicherheitsbeiwerten kombiniert und mit unterschiedlichen Ausnutzungsgraden modifiziert. Für den Traggerüstbau ist unter Einbeziehung von geometrischen Imperfektionen vom Ebenbleiben der Querschnitte auszugehen, so dass das Niveau elastisch/elastisch auf Einwirkungs- und Widerstandsseite nicht verlassen werden kann. Es wäre ohnehin im Hinblick auf die Verformung von Traggerüsten und die Weichheit der Anschlüsse mit einer weiteren Unsicherheit verbunden, wenn man Teilplastizierungen zuließe. Im Traggerüstbau werden eine große Zahl von Bauteilen und

Tafel 3.6 Beanspruchungsdiagramm für Schalhaut $d = 22\,\text{mm}$ [12]

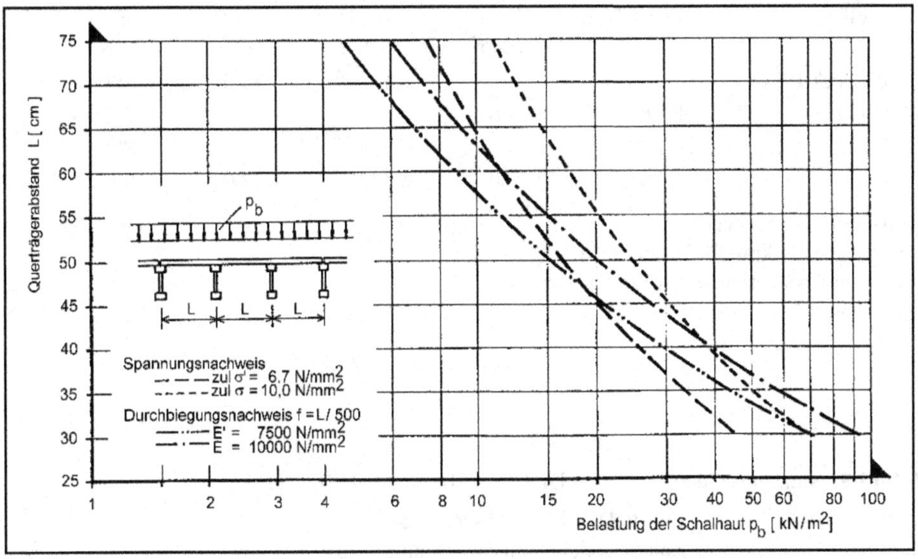

Tafel 3.7 Zusammenstellung von Schalungsträgern in Vollwandbauweise [12]

Hersteller	Bezeichnung	Höhe (mm)	zul M (kN m)	zul Q (kN)	$E \cdot I^{\text{d}}$ (kN m²)
Doka	H 16[a]	160	2,7	7,5	190
	H 20[a]	200	5,0	11,0	440
	H 30[a]	305	13,5	15,0	1760
	H 36[a]	360	17,0	17,0	2640
Hördener	HHW200F [a]	200	5,0	11,0	470
Hünnebeck-RöRo	Compact 16/8[b]	160	3,6	7,6	290
(Steidle)	Compact 20/8[b]	200	5,5	10,0	550
Kaufmann	HT 20[a]	200	5,0	11,0	440
Klenk	H 20[a]	200	5,0	11,0	440
Peri	VT 16[c]	160	3,3	8,5	240
	VT 20[c]	200	5,0	11,0	430
	T 20[a]	200	5,0	11,0	440
Schönberg	SCH 200[a]	200	5,0	11,0	440
Schwörer	Typ 200[a]	200	5,0	11,0	440

[a] Schalungsträger ist zugelassen
[b] Schalungsträger nicht zulassungsbedürftig
[c] Zulassung beantragt
[d] ohne Berücksichtigung von Schubverformungsanteilen

Tafel 3.8 Zusammenstellung von Schalungsträgern in Gitterbauweise [12]

Hersteller	Bezeichnung	Höhe (mm)	zul M_F[a] (kN m)	zul Q_D[b] (kN)	$E \cdot I$[c] (kN m^2)
Hünnebeck-RöRo (Steidle)	R 24[d]	240	7,0	14,0	800
	R 36[d]	360	14,0	20,0	2600
Peri	GT 24[d]	240	7,0	14,0	800
	T 70 V[d]	360	14,0	23,0	2850

[a] zulässiges Feldmoment
[b] zulässige Querkraft für Druckstrebe
[c] ohne Berücksichtigung von Schubverformungsanteilen
[d] Schalungsträger ist zugelassen

Tafel 3.9 Nutzbare Widerstände nach DIN 4421 [14] und DIN 1065 [15]

Allgemeines	Entspr. DIN 4421, Abschn. 6.5.1 Zulässige Spannungen, Schnittgrößen u. ä. werden den entsprechenden DIN-Normen, Zulassungen oder Prüfbestimmungen entnommen. Sie werden den γ_T-fachen Beanspruchungen gegenübergestellt. Unter bestimmten Umständen darf die Traglast durch Versuche ermittelt werden
Zulässige Spannungen für Traggerüstbauteile und Verbindungsmittel aus Stahl	Entspr. DIN 4421, Abschn. 6.5.2 Die zulässigen Spannungen sind den in diesem Abschnitt aufgeführten DIN-Normen bzw. aus den Tabellen 3 bis 6 der DIN 4421 zu entnehmen
Kupplungen	Entspr. DIN 4421, Abschn. 6.5.3 Die zulässigen Lasten für Kupplungen sind [18] zu entnehmen
Rohrkupplungsverbände bei Traggerüsten der Gruppe B	Entspr. DIN 4421, Abschn. 6.5.4 Sofern die in DIN 4421, Abschnitt 5.2.2.3 genannten Bedingungen eingehalten werden, gelten Stäbe in Rohrkupplungsverbänden als zentrisch angeschlossen. Andernfalls ist das maximale Biegemoment aus Querlast nachzuweisen und zusammen mit der zugehörigen Normalkraft den zulässigen Schnittgrößen nach DIN 4421, Gleichung (16) und (17) gegenüberzustellen. Treten Momente und Normalkräfte gemeinsam auf, ist das Interaktionsdiagramm nach DIN 4421, Bild 8 zu benutzen. Hierzu auch [18]
Baustützen aus Stahl mit Ausziehvorrichtung	Entspr. DIN 4421, Abschnitt 6.5.5 Die zulässigen Lasten sind im Normalfall nach DIN 4421, Gleichung (18) und für Stützen mit erhöhter Tragfähigkeit (G) nach DIN 4421, Gleichung (19) zu berechnen. Unter speziellen Bedingungen dürfen die zulässigen Lasten um 50 % erhöht werden. Die Beanspruchungen sind γ_T-fach gegenüberzustellen

Tafel 3.9 (Fortsetzung)

Stahlstützen mit Ausziehvorrichtung	Entspr. DIN EN 1065, Gleichung (1) bis (5) In Abhängigkeit von Beanspruchungsklasse A bis E und Auszugslänge l_{max} ergeben sich charakteristische Tragfähigkeiten $R_{y,k}$: $R_{A,k} = 51{,}0 \frac{l_{max}}{l^2} \leq 44{,}0\,\text{kN}$ $l_{max} = $ max. Auszugslänge [m] $R_{B,k} = 68{,}0 \frac{l_{max}}{l^2} \leq 51{,}0\,\text{kN}$ $l = $ vorh. Auszugslänge [m] $R_{C,k} = 102{,}0 \frac{l_{max}}{l^2} \leq 59{,}5\,\text{kN}$ Klasse A bis E entspr. DIN EN 1065 Tabelle 2 $R_{D,k} = 34{,}0\,\text{kN}$ $R_{E,k} = 51{,}0\,\text{kN}$ Auf Gebrauchslastniveau sind die angegebenen Widerstände durch 1,7 zu dividieren und den γ_T-fachen Beanspruchungen gegenüberzustellen
Spindeln	Entspr. DIN 4421, Abschnitt 6.5.6 Schnittgrößen sind beim Spannungsnachweis unter der Annahme einer Schrägstellung von 2 % zu ermitteln. Dem Nachweis sind die Gleichungen (20a) und (20b) sowie (21a) und (21b) der DIN 4421 zugrunde zu legen. Für Traggerüste der Gruppe B1 dürfen Querschnittswerte und Schrägstellungen aus Messungen entnommen werden
Regelmäßig gelochte Rohre	Entspr. DIN 4421, Abschnitt 6.5.7 Spannungsnachweise sind mit dem Nettoquerschnitt zu führen. Für Verformungsnachweise gilt DIN 4421, Gleichung (22).
Zugglieder aus Spannstahl	Entspr. DIN 4421, Abschnitt 6.5.8 Die zulässige Belastung darf nach DIN 4421, Gleichung (23) ermittelt werden, wobei der Einfluss des Durchhangs ggf. berücksichtigt werden muss
Reibung	Entspr. DIN 4421, Abschn. 6.5.9 Für Reibungsbeiwerte ist jeweils der ungünstigere Wert nach DIN 4421, Tabelle 7 anzusetzen. Günstig wirkende Reibungskräfte dürfen nur berücksichtigt werden, wenn das Auftreten zweifelsfrei nachgewiesen werden kann. Der Sicherheitsbeiwert von 1,5 darf im Sonderfall „Traggerüst im Leerzustand" auf 1,2 reduziert werden. Voraussetzung ist, dass die Windlast mindestens 80 % der Gesamthorizontallast beträgt
Gründungen	Entspr. DIN 4421, Abschn. 6.5.10 Nutzbare Widerstände sind DIN 1054 zu entnehmen. Falls die Gründung von Traggerüsten ohne Einbindetiefe ausgeführt wird, ist ein Nachweis der Grundbruchsicherheit zu führen

Verbindungsmittel eingesetzt, deren Werkstoffe keinen gültigen Normen mehr entsprechen.

Die nutzbaren Widerstände sind in Tafel 3.9 zusammengefasst. Charakteristische Werte für ältere Werkstoffe von Bauteilen in Traggerüsten stützen sich auf die Zusammenstellung in Tafel 2.2 nach der Bauregelliste und der AwR [19].

3.4 Widerstände für Arbeitsgerüste

Wie bereits in Abschn. 3.2 erläutert, ist unter dem Begriff Widerstand die Bauteiltragfähigkeit auf der Grundlage zulässiger Spannungen zu verstehen. Die nutzbaren Widerstände werden mit Teilsicherheitsbeiwerten kombiniert und mit unterschiedlichen Ausnutzungsgraden modifiziert. Für Arbeitsgerüste sind in DIN 4420 [16], Teil 1 in den Tabellen 4, 5 und 6 charakteristische Werte für Walzstahl und Stahlguss bzw. die Rutschkraft von Kupplungen von Stahl- und Aluminiumrohren bzw. charakteristische Werte der Widerstände für Kupplungen angegeben.

Literatur

1. DIN EN 1991-1 – 1:2010-12, *Allgemeine Einwirkungen auf Tragwerke,* Wichten, Eigengewicht und Nutzlasten im Hochbau, Beuth Verlag, Berlin
2. DIN EN 1991-1 – 4:2010-12, *Windlasten,* Beuth Verlag, Berlin
3. INGENIEURBÜRO KREBS UND KIEFER: *Seminar Brückenbau, Berechnung und Konstruktion von Traggerüsten,* Darmstadt, 1999
4. SPECHT, N.: *Belastung von Schalung und Rüstungen durch Frischbeton,* Technische Universität Hannover, Dissertation, 1973
5. HERRMANN, M.: *Untersuchungen zur Gleitbauweise im Stahlbetonbau,* Technische Universität Berlin, Dissertation 1984
6. DROESE, S.: *Untersuchungen zur Technologie des Gleitschalungsbaus,* Technische Universität Braunschweig, Dissertation, 1985
7. KORDINA, K./DROESE, S.: *Versuche zur Ermittlung von Schalungsdruck und Schalungsreibung im Gleitbau,* Deutscher Ausschuss für Stahlbeton, Heft 414, Beuth Verlag, Berlin 1990
8. DBV DEUTSCHER BETONVEREIN: *Gleitbauverfahren,* Wiesbaden, 1996
9. MALIHA, R./HILSDORF, H.: *Hochfester Beton in Gleitschalung,* Beton- und Stahlbetonbau 89 (1994), Seite 80–82
10. DIN EN 1992-1-1:2013-04, *Bemessung und Konstruktion von Stahlbeton- und Spannbetonbauwerken, Allgemeine Bemessungsregeln und Regeln für den Hochbau,* Beuth Verlag, Berlin, 2013
11. LINDNER, J./MAGNITZKE, P.: *Standsicherheit von Arbeitsgerüsten mit Verkleidung,* Stahlbau 59 (1990), S. 39–44
12. INFORMATIONSDIENST HOLZ der Arge Holz e. V.: *Schalungen für den Betonbau,* München, 1990
13. DIN EN 1993-1-1:2010-12, *Bemessung und Konstruktion von Stahlbauten, Allgemeine Bemessungsregeln und Regeln für den Hochbau,* Beuth Verlag, Berlin, 2010
14. DIN 4421:1982-08, *Traggerüste – Berechnung, Konstruktion und Ausführung,* Beuth Verlag, Berlin, 1982
15. DIN EN 1065:1998-12, *Stahlstützen mit Ausziehvorrichtung,* Beuth Verlag, Berlin, 1998
16. DIN 4420:1990-12, *Arbeits- und Schutzgerüste,* Beuth Verlag, Berlin, 1990
17. DIN EN 12810-2:2004-03, *Fassadengerüste aus vorgefertigten Bauteilen, Teil 2, Besondere Bemessungsverfahren und Nachweise,* Beuth Verlag, Berlin, 2004

18. DIN EN 12811-1:2004-03, *Temporäre Konstruktionen für Bauwerke, Teil 1 Arbeitsgerüste, Leistungsanforderungen, Entwurf, Konstruktion und Bemessung,* Beuth Verlag, Berlin, 2004
19. DIBt, DEUTSCHES INSTITUT FÜR BAUTECHNIK: *Anwendungsrichtlinie für Traggerüste nach DIN 12812,* Fassung August 2009
20. DIN 18218:2010-01, *Frischbetondruck auf lotrechte Schalungen,* Beuth Verlag, Berlin, 2010

Rechenbeispiele zur Standsicherheit

4

4.1 Schalungsberechnung für eine Brücke (Obergerüst)

Pos. 1 Schalbretter $d = 20\,\text{mm}$

Abb. 4.1 Schalungsaufbau

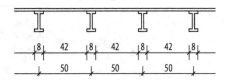

Frischbeton	$0,80 \cdot 25$	$= 20,0\,\text{kN/m}^2$	[2.16] Ziff. 8.2.2.1.1
Bretter		$= 0,20\,\text{kN/m}^2$	
		$g = 20,2\,\text{kN/m}^2$	
Verkehr	$p = 20,2 \cdot 0,10$	$p = 2,10\,\text{kN/m}^2$	[2.16] Ziff. 8.2.3.1
		$> 1,75\,\text{kN/m}^2$	
$q_d = 1,35 \cdot 20,2 + 1,50 \cdot 2,1$		$= 30,42\,\text{kN/m}^2$	
$\max |M_d| = 30,42 \cdot 0,42^2/9$		$= 0,60\,\text{kNm/m}$	

Bei Vollholz K_{LED} mittel [1] Tab. 2.1

$$\text{NKL 2} \quad k_{\text{mod}} = 0,80$$

für NH C24 S10 $f_{m,k} = 24\,\text{N/mm}^2$

$$\text{bei } d = 20\,\text{mm} \quad k_n = 1,3$$

© Springer Fachmedien Wiesbaden GmbH 2017
W. Jeromin, *Gerüste und Schalungen im konstruktiven Ingenieurbau*,
DOI 10.1007/978-3-658-16115-6_4

mit [1] Gl. 6.11 ist

$$\frac{\sigma_{m,z,d}}{f_{m,z,d}} \cdot k_m < 1$$

$$k_m = 1{,}0 \quad f_{m,z,d} = k_{mod} \cdot \frac{f_{m,k}}{\gamma_M} \cdot k_n$$

$$= 0{,}8 \cdot \frac{24}{1{,}3} \cdot 1{,}3 = 19{,}2 \text{N/mm}^2$$

$$\sigma_{m,z,d} = \frac{600 \cdot 6}{100 \cdot 20^2} \cdot 10 = 9{,}0 \text{kN/mm}^2$$

$$\eta = 9{,}0/19{,}2 = 0{,}47 < 1$$

Schub und Verformungen gering.

Pos. 2 Kanthölzer 8/10, $a = 50$ cm

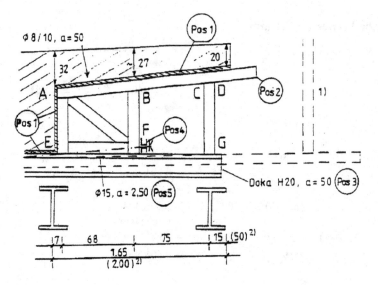

Abb. 4.2 Kragarmschalung
1) **WS 10** (Doka = 2][100) der Einrüstung der Schutzplatte, wird für auskragenden Arbeitssteg eingesetzt.
2) Größere Auskragung beim linken Kragarm

$$q_{B,d} = (0{,}295 \cdot 25 + 0{,}2) \cdot 1{,}35 + (0{,}295 \cdot 25 \cdot 0{,}10) \cdot 1{,}50 = 10{,}23 + 1{,}11$$

$$= 11{,}33 \text{kN/m}^2$$

$$q_{C,d} = (0{,}235 \cdot 25 + 0{,}2) \cdot 1{,}35 + (0{,}235 \cdot 25 \cdot 0{,}10) \cdot 1{,}50 = 8{,}20 + 0{,}88$$

$$= 9{,}08 \text{kN/m}^2$$

$$|M_{B,d}| = 11,33 \cdot 0,72^2/8 = 0,73 \,\text{kN}\,\text{m/m}$$

$$|M_{C,d}| = 9,080 \cdot 0,50^2/2 = 1,14 \,\text{kN}\,\text{m/m}$$

$$\sigma_{m,z,d} = \frac{1140 \cdot 6 \cdot 0,5}{8 \cdot 10^2} = 3,83 \,\text{N/mm}^2$$

$$\eta = 3,83/19,2 = 0,20 < 1$$

$$B = 11,33 \cdot 0,72 \cdot 1,25 = 10,20 \,\text{kN/m}$$

Laschen bei allen Knoten einseitig $d = 20\,\text{cm}$ mit 4 Nägeln 31/65 je Anschluss

Pos. 3 DOKA H 20, $a = 50\,\text{cm}$ (Zul. DOKA)

Abb. 4.3 Lastansatz

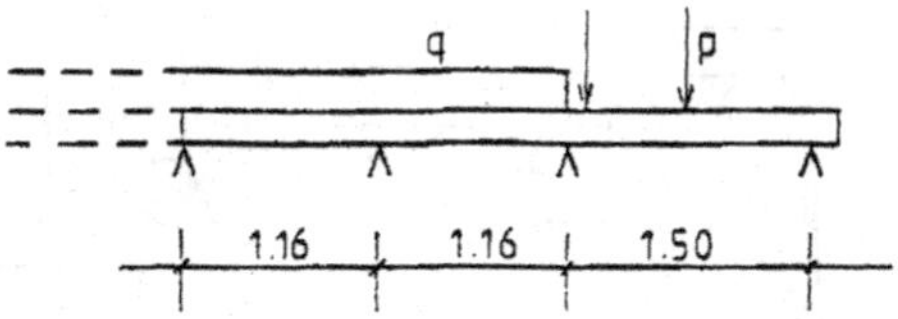

$$q_d = 30,42 \,\text{kN/m}^2; \quad P_d = 10,20 \,\text{kN/m}$$

$$|\max M_d| < 30,92 \cdot 1,16^2/9 \cdot 1,35^* = 2,24 \,\text{kN}\,\text{m/m} < 3,37 \,\text{kN}\,\text{m/m}$$

$$< 5,00/0,50 = 10 \,\text{kN}\,\text{m/m} \text{ (Tafel 3.7)}$$

* bezogen auf Gebrauchslastniveau

$$\text{bzw. } |M_d| < 10,20 \cdot 1,5/5 \cdot 1,35 = 2,24 \,\text{kN}\,\text{m/m} < 3,37 \,\text{kN}\,\text{m/m}$$

Pos. 4 Gurtung WS 10 bei F (2][100)
Aus Schalungsdruck

$$P_H = \frac{25 \cdot 0,80^2}{2} = 8,0 \,\text{kN/m}$$

$$|\max M| \leq 8,00 \cdot 2,50^2/8 = 6,25 \,\text{kN}\,\text{m}$$

$$\sigma_{R,d} = \frac{235}{1,5 \cdot 1,10^*} = 142 \,\text{N/mm}^2 \text{ [6]}$$

* Ansatz von $\gamma_{M1} = 1,1$ wegen Querschnittsklasse 2 beim Untergerüst

$$\sigma = \frac{625}{82,4} = 7,58 < 14,2 \,\text{kN/cm}^2$$

Pos. 5 Schalungsanker $\varnothing 15$, $a = 2,50\,\text{m}$

$$P \leq 8,0 \cdot 2,50 = 20 \,\text{kN} < 91 \,\text{kN} \quad \text{St } 885/1080$$

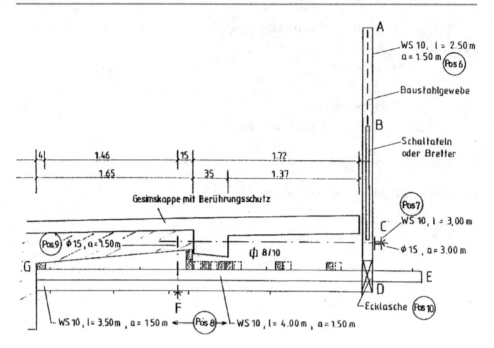

Abb. 4.4 Einrüstung der Schutzplatte

Pos. 6 DOKA WS 10, $a = 1,50$ m für Absturzsicherung

Abb. 4.5 Lastansatz Wind
von links

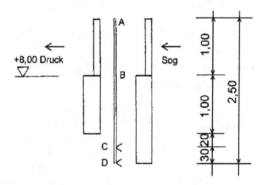

Windlast nach [11], Abminderung auf 2-Jahres-Wind

Windlastzone 2, Geländekategorie II/III $q_{ref} = 0,39\,\mathrm{kN/m^2}$

Außendruckbeiwerte Druck $c_{pe,10} = 0,8$

$$\text{Sog } c_{pe,10} = 0,5$$

Abgemin. Geschwindigkeitsdruck nach [11] Tabelle 3: $0,6q$

Bezugshöhe $h > 7{,}0\,\text{m} < 25{,}25\,\text{m} < 50\,\text{m}; h = 9{,}0\,\text{m}$

$$q_{(z)} = 1{,}7 \cdot q_{\text{ref}} \left(\frac{7}{10}\right)^{0{,}37} = 0{,}638\,\text{kN/m}^2$$

$$q_{\text{eff}} = 0{,}60 \cdot 0{,}638 = 0{,}383\,\text{kN/m}^2$$

Völligkeitsgrad $\varphi_B = 1{,}0;\ c_{s,\perp} \approx 0{,}30$

$$W_{D,A\text{-}B} = 0{,}80 \cdot 0{,}383 \cdot 0{,}30 = 0{,}09\,\text{kN/m}^2$$

$$W_{S,A\text{-}B} = 0{,}50 \cdot 0{,}383 \cdot 0{,}30 = 0{,}06\,\text{kN/m}^2$$

$$W_{D,B\text{-}D} = 0{,}80 \cdot 0{,}383 = 0{,}31\,\text{kN/m}^2$$

$$W_{S,B\text{-}C} = 0{,}50 \cdot 0{,}383 = 0{,}19\,\text{kN/m}^2$$

$$H = (0{,}09 + 0{,}06) \cdot 1{,}00 + 0{,}31 \cdot 1{,}00 + 0{,}19 \cdot 1{,}50$$
$$= 0{,}15 + 0{,}31 + 0{,}29 = 0{,}63\,\text{kN/m}$$

$$M_D = 0{,}15 \cdot 2{,}00 + 0{,}31 \cdot 1{,}00 + 0{,}29 \cdot 0{,}75$$
$$= 0{,}30 + 0{,}31 + 0{,}22 = 0{,}83\,\text{kN m/m}$$

$$C = 0{,}83/0{,}30 = 2{,}77\,\text{kN/m}$$

$$M_C = 0{,}15 \cdot 1{,}70 + 0{,}31 \cdot 0{,}70 + 0{,}29 \cdot 1{,}20^2/2$$
$$= 0{,}26 + 0{,}22 + 0{,}21 = 0{,}69\,\text{kN m/m}$$

Abb. 4.6 Lastansatz Wind
von rechts

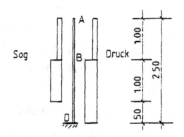

$$W_{d+s,A\text{-}B} = -0{,}15\,\text{kN/m}^2$$

$$W_{d,B\text{-}D} = -0{,}31\,\text{kN/m}^2$$

$$W_{s,B\text{-}C} = -0{,}19\,\text{kN/m}^2$$

$$H = -0{,}15 \cdot 1{,}00 - 0{,}31 \cdot 1{,}50 - 0{,}19 \cdot 1{,}0$$
$$= -0{,}15 - 0{,}47 - 0{,}19 = 0{,}81\,\text{kN/m}$$

$$M_D = -0{,}15 \cdot 2{,}00 - 0{,}47 \cdot 0{,}75 - 0{,}19 \cdot 1{,}0$$
$$= -0{,}30 - 0{,}35 - 0{,}198 = 0{,}81\,\text{kN/m}$$

Je WS 10

$$M = 0,84 \cdot 1,50 = 1,26 \, \text{kN m/m} \ll \text{aufn. } M$$

Pos. 7 DOKA WS 10 bei C

$$\text{max } M = \frac{2,4 \cdot 3,0^2}{8} = 3,12 \, \text{kN m}$$

$$\sigma = \frac{312}{82,4} = 3,8 \text{kN/cm}^2 < 14,2 \text{kN/cm}^2$$

Schalungsanker $\varnothing 15$, $a = 3,00$ m bei C

$$\text{Max } P = 2,4 \cdot 3,00 = 8,3 \, \text{kN} \ll 91 \, \text{kN}$$

Pos. 8 DOKA WS 10 von E...G und von D...G, $a = 1,50$

1. **Konstruktionsgewicht**

Abb. 4.7 Lastverteilung
Pos. 8 Konstruktionsgewicht

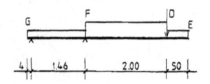

$$g_{G\text{-}F} = 2 \cdot 0,205 = 0,41 \, \text{kN/m}$$
$$g_{F\text{-}D} = 0,41 + 0,3 \cdot 1,50 = 0,41 + 0,45 = 0,86 \, \text{kN/m}$$
$$D = 0,205 \cdot 2,50 + 0,15 \cdot 1,20 \cdot 1,5 + 0,05 \cdot 1,00 \cdot 1,5$$
$$= 0,51 + 0,27 + 0,08$$
$$= 0,86 \, \text{kN}$$
$$g_{D\text{-}E} = 0,20 \, \text{kN/m}$$
$$D = 0,41 \cdot 1,50 + 0,86 \cdot 2,00 \cdot +0,86 \cdot 0,20 \cdot 0,50$$
$$= 0,62 + 1,72 + 0,86 + 0,10$$
$$= 3,30 \, \text{kN}$$
$$M_G = 0,62 \cdot 0,71 + 1,72 \cdot 2,46 + 0,86 \cdot 3,46 + 0,10 \cdot 3,71$$
$$= 0,44 + 4,23 + 2,98 + 0,37$$
$$= 8,02 \, \text{kN/m}$$
$$F = 8,02/1,16 = 5,49 \, \text{kN}$$
$$G = 3,30 - 5,49 = -2,19 \, \text{kN}$$

2. **Frischbeton und Arbeitslast**

Abb. 4.8 Lastverteilung
Pos. 8 Frischbeton und Arbeitslast

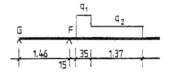

$$q_1 = 0{,}40 \cdot 25 \cdot 1{,}10 \cdot 1{,}50 = 16{,}5\,\text{kN/m}$$

$$q_2 = 0{,}17 \cdot 25 \cdot 1{,}10 \cdot 1{,}50 = 7{,}1\,\text{kN/m}$$

$$Q = 16{,}5 \cdot 0{,}35 + 7{,}1 \cdot 1{,}37 = 5{,}78 + 9{,}73 = 15{,}50\,\text{kN}$$

$$M_G = 5{,}78 \cdot 1{,}79 + 9{,}73 \cdot 2{,}64 = 10{,}35 + 25{,}69 = 36{,}10\,\text{kN m}$$

$$F = \frac{36{,}1}{1{,}46} = 24{,}7\,\text{kN}$$

$$G = -24{,}7 + 16{,}5 = -8{,}19\,\text{kN}$$

3. **Staudruck bzw. – sog** nach ELTB M 804 [2]

$$h = 5{,}70\,\text{m}, \quad a_2 = 3{,}50\,\text{m} \rightarrow q = \pm0{,}61\,\text{kN/m}^2$$

Abb. 4.9 Lastverteilung
Pos. 8 Unterwind

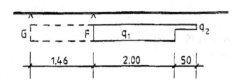

$$q_1 = \pm0{,}61 \cdot 1{,}50 = \pm0{,}92\,\text{kN/m}$$

$$q_2 = \pm0{,}92 \cdot 0{,}10 = \pm0{,}09\,\text{kN/m}$$

$$\max Q = 0{,}92 \cdot 3{,}46 + 0{,}09 \cdot 0{,}05 = 3{,}18 + 0{,}04 = 3{,}22\,\text{kN}$$

$$M_G = 3{,}18 \cdot 1{,}73 + 0{,}04 \cdot 3{,}71 = 5{,}50 + 0{,}15 = 5{,}65\,\text{kN}$$

$$F = 5{,}65/1{,}46 = 3{,}87\,\text{kN}$$

$$G = -3{,}87 + 3{,}22 = -0{,}65\,\text{kN}$$

$$\min Q = -0{,}92 \cdot 2{,}00 - 0{,}04 = -1{,}84 - 0{,}04 = -1{,}88\,\text{kN}$$

$$M_G = -1{,}841 \cdot 2{,}46 - 0{,}15 = -4{,}53 - 0{,}15 = -4{,}68\,\text{kNm}$$

$$F = -\frac{4{,}68}{1{,}46} = -3{,}20\,\text{kN}$$

$$G = 3{,}20 - 1{,}88 = 1{,}32\,\text{kN}$$

Für Wind von rechts

$$M_D = 0,84\,\mathrm{kN\,m}$$

$$G = -F = \frac{0,84}{1,46} = 0,58\,\mathrm{kN}$$

insgesamt

$$
\begin{aligned}
M_F = {} & -(1,72 \cdot 1,00 + 0,86 \cdot 2,00 + 0,10 \cdot 2,25) \\
& -(5,78 \cdot 0,33 + 9,73 \cdot 1,18) \\
& +(1,84 \cdot 1,00 + 0,04 \cdot 2,25) \\
= {} & -1,72 - 1,72 - 0,22 - 1,91 - 11,48 + 1,84 + 0,09 \\
= {} & -17,05 + 1,93 = 15,12\,\mathrm{kN\,m}
\end{aligned}
$$

$$\sigma = \frac{1512}{2 \cdot 82,4} = 9,17\,\mathrm{kN/cm^2} < 14,2\,\mathrm{kN/cm^2}$$

Kippsicherheit:

$$\max G = -2,19 \cdot 0,9 + 1,32 + 0,58 = -0,07 \sim -0,10$$

d. h. mit Staudruck und Wind von links ist eine zusätzliche Aktivierung rechts von F erforderlich. Diese ist durch Schalung entspr. Abb. 4.4 vorhanden:

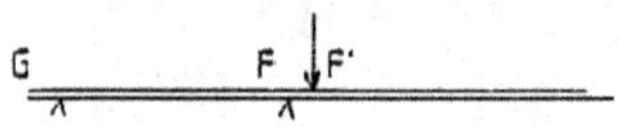

Abb. 4.10 Gleichgewichtsbe-
trachtung

$$\mathrm{erf.}\; F = \frac{0,10 \cdot 1,5 \cdot 1,46}{0,11} = 1,99\,\mathrm{kN}$$

$$\sigma = \frac{1096}{2 \cdot 5 \cdot 8} = 13,7\,\mathrm{kN/cm^2} < 19,2\,\mathrm{kN/cm^2}$$

Pos. 9 Schalungsanker ⌀15, $a = 1,50\,\mathrm{m}$ bei F

$$\max F = 5,49 + 24,7 + 3,87 = 34,6\,\mathrm{kN}$$

Verankerung mit Kobold Uni 18 (Zul.) und Aufhängbewehrung $2 \times 2 \, \varnothing 10$

Abb. 4.11 Verankerung

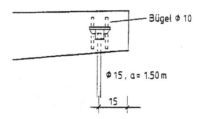

$$M = 1{,}26 \, \mathrm{kN \, m}$$

$$\sigma = \frac{126}{2 \cdot 1{,}0 \cdot 9{,}0^2} = 4{,}66 \, \mathrm{kN/cm^2} < 19{,}2 \, \mathrm{kN/cm^2}$$

4.2 Berechnung eines Untergerüsts

4.2.1 Berechnung des Schalungslängsträgers

Es wird ausschließlich die praxisübliche Berechnung der die Schalung tragenden Längs-träger dargestellt. Die Berechnung der Gründung des Traggerüstes wird hier nicht wieder-gegeben.

Berechnungsgrundlagen

DIN EN 12812   Traggerüste [7]
DIN EN 1991-1-1 Lastannahmen [8, 9]
DIN EN 1993-1-1 Stahlbauten [6]
DIN EN 1995-1-1 Holzbauten [1]

Typenprüfungen und Zulassungen für das eingesetzte Material.
    Die Abmessungen des Bauwerks sind – soweit notwendig – Abb. 4.12 und 4.13 zu entnehmen.

Vertikalbelastung (Tafel 3.1)

g_1 = Frischbetoneigengewicht $= 25{,}0 \, \mathrm{kN/m^3}$

g_2 = Eigengewicht der Schalung $= 0{,}40 \, \mathrm{kN/m^2}$

p_1 = Verkehrslast (außerhalb von p_2) $= 0{,}75 \, \mathrm{kN/m^2}$

p_2 = lotrechte Ersatzlast auf einer Fläche von $3{,}0 \times 3{,}0 \, \mathrm{m}$

    $= 10 \, \%$ von g_1 $\geq 0{,}75 \, \mathrm{kN/m^2}$

                                                               $\leq 1{,}50 \, \mathrm{kN/m^2}$

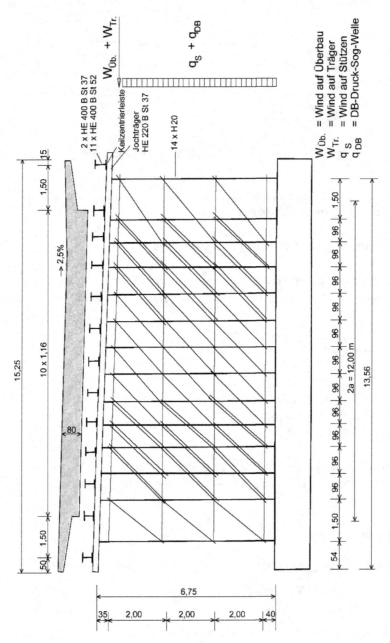

Abb. 4.12 Brückenquerschnitt mit Schalungslängsträgern, Traggerüstjoch und horizontaler Belastung

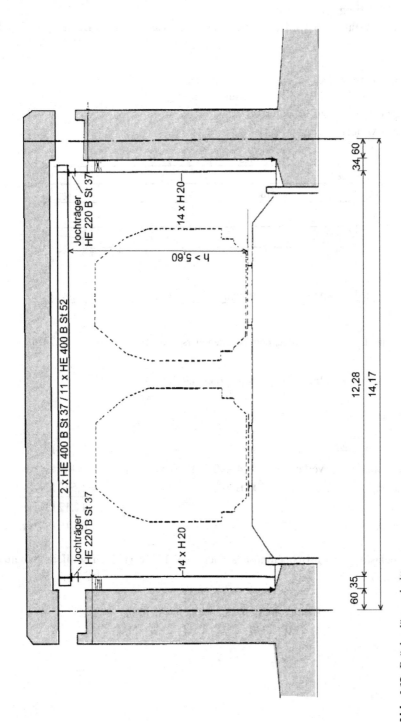

Abb. 4.13   Brückenlängsschnitt

Horizontalbelastung Wind nach [9]

Entsprechend Tafel 2.8 wird das Traggerüst nach Gerüstgruppe B2 für $\gamma_T = 1,15$ gerechnet.

Stahlrohrgerüstmaterial

Rohr $\varnothing 48,3 \times 4,05$ mm S 235, $A = 5,63$ cm^2

Drehkupplungen mit zul $P = 6,0$ kN

Anschlussexzentrizität $e = 3,45$ cm

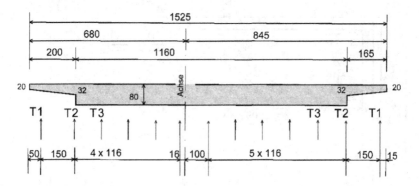

Abb. 4.14 Trägerlage T1 bis T3 unter dem Brückenquerschnitt (HE - 400 B, $l = 12,28$ m)

Belastung der Träger (linear verteilt entsprechend Abb. 4.14)

- **Träger T1:**

$$\text{Beton } g_1 : \tfrac{0,2+0,32}{2} \cdot \left(0,5 + \tfrac{1,5}{2}\right) \cdot 25 \qquad\qquad\quad = 8,130 \,\text{kN/m}$$

$$\text{Schalung } g_2 + \text{Verkehr } p_1 : (0,4 + 0,75) \cdot \left(0,5 + \tfrac{1,5}{2}\right) \quad = 1,440 \,\text{kN/m}$$

$$\text{Eigengewicht Träger HE - 400 B } g_3 : \qquad\qquad\qquad\;\; = 1,550 \,\text{kN/m}$$

$$\overline{\qquad\qquad\qquad\qquad\qquad\qquad\qquad\qquad\quad q = 11,12 \,\text{kN/m}}$$

$$\text{Ersatzlast } p_2 : 0,1 \cdot 8,13 \qquad\qquad\qquad\qquad\qquad\quad 0,810 \,\text{kN/m}$$

Vertikalbelastung aus Frischbetondruck nach DIN 18218 [10] auf seitliche Schalung (vereinfacht):

$$\text{Betonkonsistenz K2} \left.\begin{array}{l} h_s = 0,75 \,\text{m} \\ v_b = 0,5 \,\text{m/h} \end{array}\right\} \begin{array}{l} \\ p_b = 25 \,\text{kN/m}^2 \end{array}$$

Abb. 4.15 Belastungsbild für
Schalungsdruck

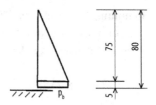

$$M = 25 \cdot \frac{0,75}{2} \cdot \left(\frac{0,75}{3} + 0,05\right) + 25 \cdot \frac{0,05^2}{2} = 2,84 \, \text{kN m/m}$$

$$V = \frac{2,84}{1,5} = 1,90 \, \text{kN/m}$$

$$\sum g = 11,12 + 1,90 = 13,02 \, \text{kN/m}$$

- **Träger T2:**

Beton g_1 : $\left(\frac{0,2+0,32}{2} \cdot \frac{1,5}{2} + 0,8 \cdot \frac{1,16}{2}\right) \cdot 25$	$= 16,47 \, \text{kN/m}$
Schalung g_2 + Verkehr p_1 : $1,15 \cdot \frac{1,5+1,16}{2}$	$= 1,520 \, \text{kN/m}$
Eigengewicht HE - 400 B g_3 :	$= 1,550 \, \text{kN/m}$
	$q = 19,54 \, \text{kN/m}$
Ersatzlast p_2 : $0,1 \cdot 16,47$	$= 1,650 \, \text{kN/m}$

abhebende Last aus $V = -1,90 \, \text{kN/m}$ bleibt außer Ansatz

- **Träger T3:**

Beton g_1 : $0,8 \cdot 1,16 \cdot 25$	$= 23,20 \, \text{kN/m}$
Schalung g_2 + Verkehr p_1 : $1,15 \cdot 1,16$	$= 1,330 \, \text{kN/m}$
Eigengewicht HE - 400 B g_3 :	$= 1,550 \, \text{kN/m}$
	$q = 26,02 \, \text{kN/m}$
Ersatzlast p_2 : $0,1 \cdot 24,13$	$= 2,410 \, \text{kN/m}$

Spannungsnachweis nach [6]

Es dürfen die Grenzschnittgrößen im plastischen Zustand verwendet werden. Die nutzbaren Widerstände ergeben nach Division durch $1{,}5\gamma_{M1}$:

S 235
$$\sigma R, d = \frac{235}{1{,}5 \cdot 1{,}1} = 142\,\mathrm{N/mm^2}$$
$$\tau R, d = \frac{235}{\sqrt{3} \cdot 1{,}5 \cdot 1{,}1} = 82\,\mathrm{N/mm^2}$$

S 355
$$\sigma R, d = \frac{355}{1{,}5 \cdot 1{,}1} = 215\,\mathrm{N/mm^2}$$
$$\tau R, d = \frac{355}{\sqrt{3} \cdot 1{,}5 \cdot 1{,}1} = 124\,\mathrm{N/mm^2}$$

Die Normalspannung wird berechnet aus:

$$\sigma_{\text{ges}} = \frac{M_y}{\alpha_{pl,y} \cdot W_y} + \frac{M_z}{\alpha_{pl,z} \cdot \frac{W_z}{2}}$$

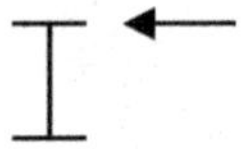

W_z geht nur zur Hälfte ein, weil die Querlast am Obergurt angreift.

Für gewalzte Doppel-T-Profile dürfen folgende Beiwerte angenommen werden:

$$\alpha_{pl} = \frac{M_{pl}}{M_{el}} \quad \alpha_{pl,y} = 1{,}14 \quad \alpha_{pl,z} = 1{,}25$$

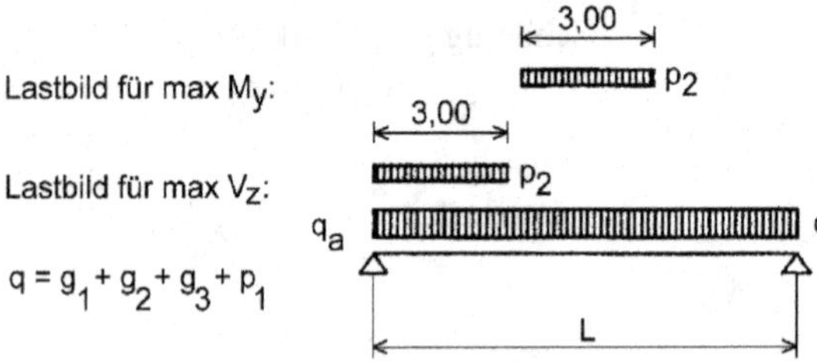
3,00
Lastbild für max My:
p2
3,00
Lastbild für max Vz:
p2
qa
qb
q = g1 + g2 + g3 + p1
L

Abb. 4.16 Belastung des Schalungslängsträgers

$$\max M_y = \left[0{,}0625 \cdot (q_a + q_b) \cdot L^2\right] + \frac{p_2 \cdot 3{,}00}{8} \cdot (2 \cdot L - 3{,}00)$$
$$\max V_{az} = \left[(2 \cdot q_a + q_b) \cdot \frac{L}{6}\right] + \frac{p_2 \cdot 3{,}00}{L} \cdot (L - \frac{3{,}00}{2})$$
$$\max V_{bz} = \left[(q_a + 2 \cdot q_b) \cdot \frac{L}{6}\right] + \frac{p_2 \cdot 3{,}00}{L} \cdot (L - \frac{3{,}00}{2})$$

Spannungsnachweise ($q_a = q_b = q$)

Biegung:

$$M_y = \frac{q \cdot L^2 + p_2 \cdot b \cdot (2 \cdot L - b)}{8} \cdot b$$

$$\sigma_y = \frac{M_y \cdot 1,15}{W_y \cdot \alpha_{pl,y}} \qquad\qquad \alpha_{pl,y} = 1,14$$

Schub:

$$V_{az} = \frac{q \cdot L}{2} + p_2 \cdot \frac{L - b/2}{L}$$

$$A = V_{az} \cdot 1,15 = Q$$

$$\tau = \frac{Q}{A_Q} = \frac{Q}{(h-t) \cdot s} \quad \text{bzw. } \tau = \frac{Q \cdot S}{I \cdot s}$$

S = statisches Moment [cm^3]

I = Trägheitsmoment [cm^4]

h = Trägerhöhe [cm]

s = Stegdicke [cm]

t = Flanschdicke [cm]

Durchbiegung nach SCHNEIDER „Bautabellen" [3] in Feldmitte

$$f = \frac{\sigma_f \cdot L^2}{c \cdot h}$$

σ_f ohne $\alpha_{pl,y}$, $\gamma_T = 1,15$ und p_2

  $c = 101$ (für Gleichlast)

Träger	q	p_2	σ_y	Q	τ	σ_f	f	Profil
	kN/m	kN/m	N/mm^2	kN	N/mm^2	N/mm^2	cm	
T1	13,02	0,81	88,26	94,39 (82,02)	20,61	85,22	3,18	HE 400 B S 235
T2	19,54	1,65	133,69	142,97 (124,32)	31,21	127,90	4,77	HE 400 B S 355
T3	26,02	2,41	178,62	191,02 (166,11)	41,7	170,30	6,36	HE 400 B S 355

Klammerwerte ohne γ_T

Horizontalbelastung (Ansatz entspr. Abschn. 4.1, Pos. 6)

- **Wind auf Überbau:**

$$q(z) = (h_{\text{Träger}} + h_{\text{Schalung}} + \text{Breite} \cdot \text{Querneigung}) \cdot 1{,}15 \cdot 0{,}6/\text{Trägeranzahl}$$
$$q(z) = 0{,}65 \cdot (0{,}8 + 0{,}24 + 15{,}25 \cdot 0{,}025) \cdot 1{,}15 \cdot 0{,}6/13 = 0{,}049\,\text{kN/m}$$

- **Wind auf Träger:**
  $\varphi = 1{,}0$ (Völligkeitsgrad) erhält man aus [9] Bild 25
  $\psi = 0{,}89$ (Abminderungsfaktor).
  Damit ist

$$q(z) = 0{,}65 \cdot 1{,}15 \cdot 0{,}6/\text{Trägeranzahl}$$
$$q(z) = 0{,}65 \cdot 0{,}4 \cdot 1{,}15 \cdot 0{,}6/13 = 0{,}023\,\text{kN/m}$$

Für hinter einander liegende Träger nach [9] Tab. 14 ergibt sich mit

$$\frac{x}{h} = \frac{\text{lichter Trägerabst.}}{h_{\text{Träger}}} \cong \frac{1{,}16 - 0{,}3}{0{,}4} = 2{,}15$$

der Abschattungsfaktor $\eta \le 0{,}09$
Damit folgt aus [9] Tab.14

$$w_3 = \left[1 + \eta + (n - 2) \cdot \eta^2\right] \cdot w_2 = [1 + 0{,}09 + (13 - 2) \cdot 0{,}09^2] \cdot 0{,}023$$
$$= 0{,}027\,\text{kN/m}$$

- **Horizontale Ersatzlast** [11] Ziff. 8.2.2.2

$$\frac{V}{100} = \frac{1}{100} \cdot 1{,}15 \cdot q = \frac{1}{100} \cdot 1{,}15 \cdot 26{,}02 = 0{,}299\,\text{kN/m}$$
$$\sum H = w_1 + w_3 + \frac{V}{100} = 0{,}049 + 0{,}027 + 0{,}299 = 0{,}375\,\text{kN/m}$$

Maximale resultierende Spannungen

$$\sigma_z = \frac{\sum H \cdot \text{Spannweite}^2}{8 \cdot \frac{W_z}{2} \cdot \alpha_{pl,z}} = \frac{0{,}375 \cdot 12{,}28^2}{8 \cdot \frac{0{,}721}{2} \cdot 1{,}25} = 15\,\text{N/mm}^2$$
$$\sigma = \sigma_y + \sigma_z = 179 + 15 = 194 < 218\,\text{N/mm}^2$$

Biegedrillknicknachweis
Es wird ein Verband in Feldmitte eingebaut. Für Stäbe mit doppelt- oder einfachsym-
metrischem Doppel-T-Querschnitt, deren Abmessungsverhältnisse denen der Walzprofile
entsprechen, ist der Tragsicherheitsnachweis nach [6] zu führen. Es wird dabei ein Teilsicherheitsbeiwert von $\gamma_F = 1{,}35$ für die Belastung zugrunde gelegt (wegen des überwie-
genden Anteils des Eigengewichtes). Der Nachweis wird für den Obergurt ($z_p = -h/2$)
geführt (maßgebende Stelle).

Ausgangswerte für die Berechnung:
Profil: HE - 400 B S 355

$$I_y = 57.680\,\text{cm}^4$$
$$I_z = 10.820\,\text{cm}^4$$
$$I_T = 357\,\text{cm}^4$$
$$I_\omega = 3.817.000\,\text{cm}^6$$
$$M_{pl,y,d} = 1061\,\text{kN m}$$
$$M_{pl,z,d} = 296\,\text{kN m}$$
$$M_d = \alpha_{pl} \cdot \sigma \cdot W/1000$$
$$M_{y,d} = 1,35 \cdot 1,14 \cdot 179 \cdot 2,880 = 793\,\text{kN m}$$
$$M_{z,d} = 1,35 \cdot 1,25 \cdot 15 \cdot 0,721/2 = 9\,\text{kN m}$$

Abb. 4.17 Momentenumlage-
rung nach [6]

Zeile	Momentenverlauf	ζ
1	⊏⊐← max M	1,00
2	 max M	1,12
3	 max M	1,35
4	 maxM $-1 \leq \psi \leq 1$ ψmaxM	$1,77 - 0,77\,\psi$

Momentenbeiwert: $\zeta = 1,12$ (Gleichlast)
Teilsicherheitsbeiwert der Widerstandsgrößen: $\gamma_M = 1,1$
Länge: $L = 1228/2\,\text{cm} = 614\,\text{cm}$ (Annahme)

- **Verzweigungslast des Druckstabes** nach [6]

$$N_{cr,z} = \frac{E \cdot I_z \cdot \pi^2}{L^2 \cdot \gamma_M} = \frac{21.000 \cdot 10.820 \cdot \pi^2}{(614)^2 \cdot 1,1} = 5408\,\text{kN}$$

$$c^2 = \frac{I_\omega + 0,039 \cdot L^2 \cdot I_T}{I_z} = \frac{3.817.000 + 0,039 \cdot (614)^2 \cdot 357}{10.820} = 838\,\text{cm}^2$$

- **Bemessungswert des idealen Biegedrillknickmomentes**

$$M_{cr} = \zeta \cdot N_{Ki,z,d} \cdot \left[0,5 \cdot z_p + \sqrt{(c^2 + 0,25 \cdot z_p^2)}\right]$$
$$M_{cr} = 1,12 \cdot 5408 \cdot \left[0,5 \cdot (-20) + \sqrt{838 + 0,25 \cdot 20^2}\right]$$
$$M_{cr} = 124.936\,\text{kN cm} = 1249\,\text{kN m}$$

- **Bezogener Schlankheitsgrad**

$$\lambda_M = \sqrt{\frac{M_{pl,y,d}}{M_{ki,y,d}}} = \sqrt{\frac{1061}{1249}} = 0{,}92$$

- **Abminderungsfaktor für Biegemomente**

$$\kappa_M = \left(\frac{1}{1 + \lambda_M^{2n}}\right)^{\frac{1}{n}}$$

Mit $n = 2{,}5$ für gewalzte Träger wird $\kappa_M = 0{,}817$

- **Nachweis der Sicherheit**
  Der Biegedrillknicknachweis ist nach DIN 18800 Teil 2, Element 323 geführt. Für $N = 0$ gilt laut Gleichung 5.8

$$\frac{M_{y,d}}{\kappa_M \cdot M_{pl,y,d}} + \frac{M_{z,d}}{M_{pl,z,d}} \leq 1$$

woraus sich

$$\frac{846}{0{,}817 \cdot 1061} + \frac{10}{296} = 1{,}0$$

ergibt. Die Sicherheit mit einem Verband aus Hölzern und Spannstählen in Feldmitte ist somit ausreichend.

Nach [6] ist der Nachweis nur über die Erhöhung auf HE-500 B erbracht.

4.2.2 Beanspruchung des Stützenjoches

Abb. 4.18 Lastbild des Jochträgers aus Schalungslängsträgern mit Stellung der Jochstützen

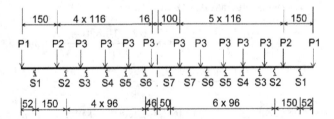

$$\left.\begin{array}{l} P1 = 95\,\text{kN} \\ P2 = 143\,\text{kN} \\ P3 = 191\,\text{kN} \end{array}\right\} \text{siehe Tabelle im Abschn. 4.2.1}$$

Gesamtlast: $\sum V = 2 \cdot (P1 + P2) + 9 \cdot P3 \cong 2195\,\text{kN}$

$$\left.\begin{array}{l} \text{Stützenhöhe } h \quad = 6,75\,\text{m} \\ \text{H 20 mit zul P} \quad = 180\,\text{kN} \end{array}\right\} \begin{array}{l} \text{entspr. Typenprüfung Dreigurtstütze H 20} \\ \text{(Thyssen Hünnebeck)} \end{array}$$

Jochträger HE 220 B S 235

$$\text{mit } W_y = 736\,\text{cm}^3,$$
$$I_y = 8090\,\text{cm}^4,$$
$$S_y = 414\,\text{cm}^3.$$

Federsteifigkeit der Rüstungsstützen

Nach LINDNER [4] ergibt sich die Federsteifigkeit von Stützen aus

$$\frac{1}{c_{st}} = 2 \cdot \frac{1}{c_{sp}} + n \cdot \frac{1}{c_v} + \frac{L_m}{E \cdot F_m}$$

L_m = Gesamtlänge des Mittelstückes

$L_m = 675 - 125 = 550\,\text{cm}$ mit 4 Stößen (5 Elemente je 1,10 m)

$F_m = 3 \cdot 5,66 = 16,98\,\text{cm}^2$

$$\frac{1}{c_{st}} = 2 \cdot \frac{1}{3000} + 4 \cdot \frac{1}{40.000} + \frac{550}{21.000 \cdot 16,98} \Rightarrow c_{st} = 433\,\text{kN/cm}$$

Die elektronische Berechnung des federnd gelagerten Durchlaufträgers wird hier nicht wiedergegeben.

Ergebnisse

Jochträger

$$\max M_y = 51,91\,\text{kN\,m}, \quad \max Q = 146\,\text{kN}$$

$$\sigma_y = \frac{5191 \cdot 1,15}{736 \cdot 1,14} = 7,11 < 14,2\,\text{kN/cm}^2$$

$$\tau = \frac{114.600 \cdot 1,15}{(22 - 1,6) \cdot 0,95} = 86,7 > 82\,\text{kN/cm}^2$$

Die geringe Überschreitung von 3 % ist tolerabel.

Stützenlasten

$$\max S = S1 = 164\,\text{kN} < 180\,\text{kN}$$

H 20 (Typenprüfung für Hünnebeck Dreigurtstütze)

Sämtliche Stützenlasten $S2$ bis $S7$ sind kleiner als 164 kN.

Für das volle Joch ergibt sich: $\sum V = 2 \cdot 1097,5\,\text{kN} = 2195\,\text{kN}$

4.2.3   Berechnung des Jochverbandes

Das Stützenjoch wird durch Rohr-Kupplungs-Diagonalen ausgesteift. Als H-Lasten werden Wind auf Überbau, Träger und Stützen, die Ersatzlast V/100 und Imperfektionen angesetzt.

- **Wind auf Überbau**

$$w_1 = 0{,}049\,\text{kN/m (siehe Abschn. 4.2.1)}$$
$$W_{\text{Überbau}} = 0{,}049 \cdot 12{,}28 \cdot 0{,}5 \cdot 13 = 3{,}91\,\text{kN}$$

- **Wind auf Träger**

$$w_3 = 0{,}027\,\text{kN/m (siehe Abschn. 4.2.1)}$$
$$W_{\text{Träger}} = 0{,}027 \cdot 12{,}28 \cdot 0{,}5 \cdot 13 = 2{,}16\,\text{kN}$$

- **Wind auf Stützen**
  Nach [9] ergibt sich mit $m = $ Stückzahl für Stützen H 20

$$W_{\text{Stütze}} = [0{,}151 + (m-1) \cdot 0{,}113] \cdot \text{Stützenhöhe} \cdot 0{,}5 \cdot 1{,}15 \cdot 0{,}6$$
$$W_{\text{Stütze}} = [0{,}151 + (14-1) \cdot 0{,}113] \cdot 6{,}75 \cdot 0{,}5 \cdot 1{,}15 \cdot 0{,}6 = 3{,}77\,\text{kN}$$

Dabei wurde das Rechenmodell für Auflager im Jochträger und im Fundament zu Grunde gelegt. Die H-Kräfte können auch stockwerksweise angesetzt werden.

- **DB-Druck-Sog-Welle** (Richtlinie 804 ELTB Teil 1, Kap. 8.2 [2])

$$a_Z = 3{,}35\,\text{m}$$
$$v \cong 120\,\text{km/h}\ (100\,\text{km/h} \cdot 1{,}15)$$
$$h = 6{,}50 - 0{,}24 - 0{,}40 = 5{,}86\,\text{m}$$
$$q_h = 0{,}80\,\text{kN/m}^2\ \text{(auf die Stützen wirkend)}$$
$$q_v = 0{,}63\,\text{kN/m}^2\ \text{(abhebend, vom Trägereigengewicht überdrückt)}$$

Mit der Windangriffsfläche $A_w = 0{,}189\,\text{m}^2/\text{m}$ (aus der Typenprüfung) der Stützen ergibt sich pro Joch:

$$H = 0{,}8 \cdot 14 \cdot 0{,}189 \cdot 6{,}75/2 = 7{,}14\,\text{kN}$$

- **Horizontale Ersatzlast V/100**
  Die Summe der Vertikallasten am Joch beträgt $\sum V = 2195\,\text{kN}$.

4.2.3.1 Berechnung als Rohrkupplungsjoch
Querkraft nach Theorie I. Ordnung

$$H_d{}' = 3,91 + 2,16 + 3,77 + 7,14 + (2195/100) = 38,93 \, \text{kN}$$

Ideelle Schubsteifigkeit ([11], Ziff. 9.4.2.4.1)

$$S_{id} = \frac{1}{\beta} \cdot n \cdot E \cdot A \cdot \sin^2 \alpha \cdot \cos \alpha$$

mit: $E = 21.000 \, \text{kN/cm}^2$ $A = 5,63 \, \text{cm}^2$ $\beta = \dfrac{35 \cdot (1 + n)}{2 \cdot n}$ $\alpha = 48,5°$

$n = 18 = $ Anzahl der Diagonalen im Joch pro 2,00 m Höhe für

$$\beta = \frac{35 \cdot (1 + 18)}{2 \cdot 18} = 18,47$$

$$S_{id} = \frac{1}{18,47} \cdot 18 \cdot 21.000 \cdot 5,63 \cdot 0,7490^2 \cdot 0,6626 = 42.830 \, \text{kN}$$

Querkraft nach Theorie II. Ordnung [11] Gl. 25

$$H_d{}^{II} = \frac{H_d{}^{I} + \sum V \cdot \tan \phi}{1 - \frac{\sum V}{S_{id}}} \text{ mit } \tan \varphi = 0,01 \text{ und } P_E \gg S_{id} \to N_\varphi = S_{id}$$

$$H_d{}^{II} = \frac{38,93 + 2195 \cdot 0,01}{1 - \frac{2195}{42.830}} = 64,17 \, \text{kN}$$

Die Diagonalkraft ergibt sich dann zu

$$D = \frac{H_d{}^{II}}{n \cdot \sin \alpha} = \frac{64,17}{18 \cdot 0,7490} = 4,76 \, \text{kN}$$

$$\text{zul } N = 6,44 \, \text{kN für Diagonale für volles Moment}$$

$$> 4,76 \, \text{kN nach Typenprüfung für } \varnothing 48,3 \times 4,05$$

$$\text{zul } P_{DKP} = 6,0 \, \text{kN} > 4,76 \, \text{kN (Zulassung für Rohrkupplungen)}$$

Vertikale Zusatzlast aus $\sum H = H_d{}^{II}$

$$\Delta V = H \cdot h \cdot \frac{e_j \cdot A_j}{\sum A_j \cdot e_j^2}$$

$$H_d{}^{I} = 3,91 + 2,16 + 3,77 \cdot 2 + 14,28 + 21,95 = 46,07 \, \text{kN}$$

$$H_d{}^{II} = \frac{46,07 + 21,95}{1 - \frac{2195}{42.830}} = 71,69 \, \text{kN}$$

Für die äußerste Stütze ergibt sich

$$\Delta V \cong 71{,}69 \cdot 6{,}75 \cdot \frac{13{,}56}{2} \cdot \frac{1}{2 \cdot 111{,}8628} = 14{,}67\,\mathrm{kN}$$

Damit wird die größte Stützenlast

$$\sum S_1 = 164 + 14{,}67 = 178{,}67\,\mathrm{kN} < 180\,\mathrm{kN} = S_{zul}$$

Biegebeanspruchung der Stützen

Die Typenprüfung der Stützen H 20 geht von gelenkiger Lagerung an Kopf- und Fußpunkt aus.

Abb. 4.19 Rohrkupplungsjoch als Kragscheibe

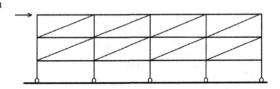 

Das Joch wirkt jedoch als Kragscheibe (Abb. 4.19). Deshalb betragen die Verformungen aus den Horizontalkräften:

Nach NATHER [5] vereinfacht für Rohrkupplungsverbände

aus Biegung Horizontalriegel	0,360 mm/kN
aus Biegeverformung Diagonalstab	0,087 mm/kN
aus Verschiebung Drehkupplung	0,555 mm/kN
	1,002 mm/kN

entspr. 87 % der Gesamtverschiebung nach [5]

$$\Delta d = \frac{1{,}002}{0{,}87} = 1{,}1517\,\mathrm{mm/kN} \rightarrow \text{für } N = 4{,}76\,\mathrm{kN} \quad \Delta d \approx 5{,}482\,\mathrm{mm}$$

$$\Delta M^{\mathrm{I}} = 179{,}2 \cdot \frac{5{,}482}{1000} = 0{,}98\,\mathrm{kN\,m}$$

Vergleichsberechnung für Kragscheibe

$$w' = \frac{Q}{S_{id}} = \frac{71{,}69}{42.830} = 0{,}0017$$

$$\delta = h \cdot w' = 6{,}75 \cdot 0{,}0017 = 0{,}0117\,\mathrm{m}$$

$$\Delta M^{\mathrm{II}} = 178{,}7 \cdot 0{,}0117 = 2{,}10\,\mathrm{kN\,m}$$

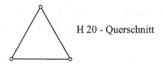

H 20 - Querschnitt

Gesamtträgheitsmoment in Querrichtung nach Typenprüfung

$$3 \cdot 7{,}87 + 2 \cdot 5{,}66 \cdot 23^2 = 22{,}71 + 5988 = 6011\,\text{cm}^4$$

$$\Delta\sigma = \frac{2100 \cdot 10^3 \cdot 230}{6011 \cdot 10^4} = 8{,}03\,\text{N/mm}^2$$

Der Spannungszuwachs ist vernachlässigbar gering

4.2.3.2 Berechnung als seilabgespanntes Joch

Abb. 4.20 Seilabspannung

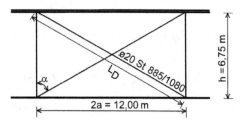

Die Querkraft nach Theorie II. Ordnung ergibt sich wie im Abschn. 4.2.3.1

$$H_d{}^{\text{II}} = \frac{H_d{}^{\text{I}} + \sum V \cdot \tan\phi}{1 - \frac{\sum V}{S_{id}}} \quad \text{mit } \tan\phi = 0{,}01$$

Dabei gilt für die ideelle Schubsteifigkeit:

$$S_{id} = \frac{2 \cdot a \cdot \sin\alpha \cdot \cos\alpha}{L_D} \cdot \frac{E \cdot A}{\beta} \quad \text{aus [V.1] Gl. 5.31}$$

Mit $E = 21.000\,\text{kN/cm}^2$ und $\beta = 1{,}0$ (da mit ca. 30 kN abgespannt wird).
Die Spannstahlkraft ergibt sich zu

$$Z_H = \frac{H_d{}^{\text{II}}}{\sin\alpha}$$

Die Abspannungen werden oben jeweils neben den äußeren Stützen am Jochträger angeschlossen und unten entweder an einem vorhandenen Gründungsträger oder an Fundamentverankerungen befestigt. Dadurch ergibt sich für die äußeren Stützen eine zusätzliche Vertikalkomponente V_Q, die bei der Bemessung der Stützen berücksichtigt werden muss:

$$V_Q = \frac{H_d{}^{\text{II}}}{\tan\alpha} = H_d{}^{\text{II}} \cdot \frac{h}{2a}$$

Das Stützenjoch wird durch beidseitige, kreuzweise verlaufende Abspannungen $\varnothing 15\,\text{mm}$ (St 885/1080) mit aufgewalztem Gewinde stabilisiert. Die Abspannungen werden leicht (handfest) vorgespannt.

Der nutzbare Widerstand von Zuggliedern aus Spannstahl (zul Z) ergibt sich aus der durch 1,5 dividierten Beanspruchbarkeit (Grenzzugkraft) $Z_{R,d}$ ergibt sich wie folgt:

$$\text{zul } Z = \frac{Z_{R,d}}{1,5} = \frac{1}{1,5} \cdot \frac{A_m \cdot f_{u,k}}{1,5 \cdot \gamma_M}$$

mit:

A_m = metallischer Querschnitt
$f_{u,k}$ = charakter. Wert der Zugfestigkeit der Spannstäbe
γ_M = 1,1 (Teilsicherheitsbeiwert)

Daraus folgt zul $Z = 77,1\,\text{kN}$ für $1\varnothing 15\,\text{mm}$

$$\tan\alpha = \frac{12,00}{6,75} = 1,7778 \quad \alpha = 60,64° \quad \sin\alpha = 0,8716 \quad \cos\alpha = 0,4903$$

$$S_{id} = \frac{12 \cdot 0,4903 \cdot 0,8716}{13,77} \cdot 21000 \cdot 1,7668 \cdot 2 = 27.627\,\text{kN}$$

$$H_d{}^{\text{II}} = \frac{38,93 + 2195 \cdot 0,01}{1 - \frac{2195}{27.627}} = 66,13\,\text{kN}$$

$$Z_H = \frac{66,13}{0,8716} = 75,88\,\text{kN} < \text{zul } Z = 77,2 \cdot 2 = 154,2\,\text{kN}$$

$$V_Q = \frac{66,13}{12} \cdot 6,75 = 37,20\,\text{kN}$$

Bei Verteilung auf 2 Stiele erhält man $\Delta V = 18,60\,\text{kN}$

$$\sum V_{max} = 164,00 + 37,20 = 182,60 \approx 180\,\text{kN}$$

Die Überschreitung wird im Rahmen des Rechenbeispiels als tolerabel angesehen. In der Praxis wird für das vorliegende Verhältnis Höhe/ Breite der Rohrkupplungsverband vorgezogen.

4.3 Stabilitätsberechnung von Verbänden

4.3.1 Berechnungsgrundlagen

Die Obergurte von Fachwerkträgern müssen durch horizontale Aussteifungen gesichert werden ([V.1] Abschn. 5.1.6.4)

Solche Aussteifungen können sein:

- Anordnung eines Horizontalverbandes zwischen den Trägerobergurten entweder in stahlbaumäßiger Ausführung oder als Rohr-Kupplungs-Verband (übliche Praxis),
- Anhängung der Obergurte an einen oder mehrere horizontal gelegte Fachwerk-Rüstträger, deren Steifigkeit ausreicht, bei vertretbaren Verformungen die Stabilität zu sichern,
- Anhängung der Obergurte an eine außerhalb des Gerüstes vorhandene starre Scheibe (z.B. bereits vorhandener Nachbarüberbau).

Die Obergurtaussteifung für die Bemessungsklasse B2 muss stets nach der Theorie II. Ordnung unter Berücksichtigung der geometrischen Imperfektionen (hier: Auslenkung des Obergurtes im Grundriss um das Maß f) und aller äußeren Lasten untersucht werden.

Abb. 4.21 Modell eines Horizontalverbandes zwischen Fachwerkträgerobergurten

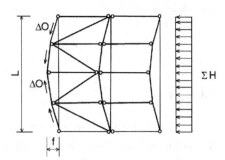

Zu beachten ist, dass die Obergurte der Rüstträger als Teil des Horizontalverbandes Zusatzbeanspruchungen ΔO (Zug/Druck) erhalten, die bei der Bemessung der Rüstträger zu berücksichtigen sind.

Der Nachweis des Obergurtverbandes erfolgt als Gerüst der Bemessungsklasse B2 gemäß [11]. Für jedes Verbandsfeld gilt

$$S_{id} = \frac{1}{\beta} \cdot \sum n_k \cdot EA_k \cdot \sin^2 \alpha_k \cdot \cos \alpha_k$$

$$\beta = 35 \cdot \frac{1+m}{2 \cdot m}, \quad m = \sum n_k$$

mit

E = Elastizitätsmodul der Diagonalen,
A_k = Querschnittsfläche jedes Diagonalrohres im Feld k,
n_k = Anzahl der Diagonalen im jeweiligen Horizontalschnitt des Feldes k.

Die Bemessung des Verbandes erfolgt für H_d^{II}:

$$H_d^{\text{II}} = \frac{H_d^{\text{I}} + 5 \cdot N \cdot \frac{f}{L}}{1 - \left(\frac{N}{P_{Ki}}\right)}$$

[11] Gl.29, wobei

$$P_{Ki} = \frac{1}{\frac{1}{S_i} + \frac{1}{P_E}} \text{ und } P_E = \frac{\pi^2 \cdot E I_s}{L^2}$$

mit

H_d^{I} = Querkraft aus äußeren Lasten nach Theorie I. Ordnung,
N = Summe der maximalen Druckkräfte in den Obergurten,
L = Spannweite der Rüstträger,
n = Anzahl der an den Verband angeschlossenen Obergurte,
S_{id} = ideelle Schubsteifigkeit für ein Verbandsfeld,
I_s = $\sum_i A_i \cdot y_{si}^2$ = Flächenträgheitsmoment der Obergurte ([V.1] Bild 5.9)

$$\sum S_{id} > 0{,}4 \cdot V_d = 0{,}4 \cdot 264 \cdot 1400 = 147.840$$

$$e = f = \frac{1}{250} \cdot r = \frac{1}{250} \cdot \sqrt{0{,}5 + \frac{1}{n_v}} = \frac{1400}{250} \cdot \sqrt{0{,}5 + \frac{1}{12}} = 4{,}28 \, \text{cm}$$

n_v = Anzahl der druckbeanspruchten Elemente

4.3.2   Berechnungsbeispiel

4.3.2.1   Geometrie und Lasten

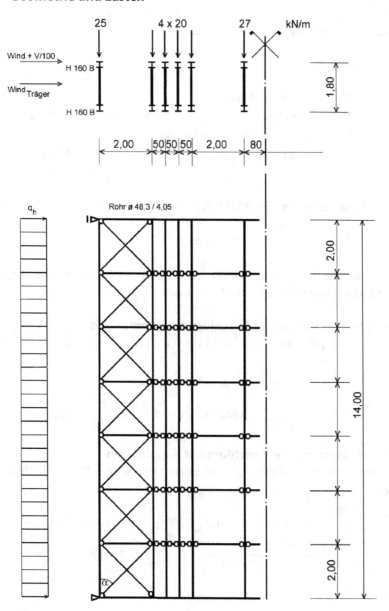

Abb. 4.22 System des Rechenbeispiels

Vertikallasten:

Summe der vertikalen Lasten (Abb. 4.22): $P_v = 264\,\text{kN/m}$
Summe der Feldmomente aus P_v: $M = 6468\,\text{kN m}$
Summe der Obergurtnormalkräfte aus M/max $N = 3593\,\text{kN}$ ($h = 1{,}80\,\text{m}$)

Horizontallasten:

Wind auf Schalung Überbau:	$0{,}6 \cdot 4{,}0 = 2{,}40\,\text{kN/m}$
Wind auf Rüstbinder:	$0{,}6 \cdot 6{,}0 = 3{,}60\,\text{kN/m}$
(Einwirkungen mit begrenzter Dauer)	
horizontale Ersatzlast (V/100)	$= 2{,}64\,\text{kN/m}$
	$q_h = 8{,}64\,\text{kN/m}$

Geometrische Imperfektion gemäß [11]: bei $n = 12$ Rüstbindern

$$e = f$$

Hierbei werden alle Rüstbinder des Rüstträgerfeldes berücksichtigt, weil die Binderobergurte durch Querrohre miteinander verbunden sind.

4.3.2.2 Schubsteifigkeit bei Anschluss mit Kupplungen

Mit $n_k = m = 4$ erhält man $n_k \cdot \sin^2 \alpha \cdot \cos \alpha = 4 \cdot 0{,}7071^3 = 1{,}4142$

$$\beta = 35 \cdot \frac{1+4}{2 \cdot 4} = 21{,}875$$

$$S_{id} = \frac{1}{21{,}875} \cdot 1{,}4142 \cdot 2{,}1 \cdot 10^4 \cdot 5{,}63 \cdot 2 = 15.287\,\text{kN}$$

4.3.2.3 Knicklast P_{Ki} bei Anschluss mit Kupplungen

Die Verbände werden mit Gerüstkupplungen am Obergurt des Profils HE 160 B angeschlossen.

$$I_s = 2 \cdot \left[2 \cdot 19{,}2 \cdot (100^2 + 100^2) \right] = 1.536.000\,\text{cm}^4$$

$$P_E = \frac{\pi^2 \cdot 2{,}1 \cdot 10^4 \cdot 1.536.000}{1400^2} = 162.416\,\text{kN}$$

Somit wird

$$P_{Ki} = \frac{1}{\frac{1}{15.287} + \frac{1}{162.416}} = 13.972\,\text{kN}$$

Wegen $P_E \gg S_i$ kann hier $P_{ki} = S_i$ angenommen werden.

4.3.2.4   Querkräfte (Horizontalkräfte) bei Anschluss mit Kupplungen

$$H_{d1}{}^{I} = 8{,}64 \cdot 14{,}0/2 = 60{,}48 \text{ kN}$$

Für die nächsten Pfosten ergibt:

$$H_{d2}{}^{I} = 43{,}20 \text{ kN} \quad H_{d3}{}^{I} = 25{,}92 \text{ kN}$$

Abb. 4.23 Geometrie für
einwirkende Querkräfte

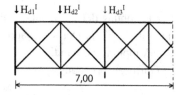

Die Querkräfte I. Ordnung (Abb. 4.23) erhöhen sich nach der Theorie II. Ordnung auf.

$$H_{d1}{}^{II} = \frac{60{,}48 + \left(5 \cdot 3593 \cdot \frac{4{,}28}{1400}\right)}{1 - \left(\frac{3593}{15{.}287}\right)} = \frac{60{,}48 + 54{,}92}{1 - 0{,}235} = 150{,}85 \text{ kN}$$

$$H_{d2}{}^{II} = \frac{43{,}20 + 54{,}92}{1 - 0{,}765} = 128{,}26 \text{ kN}$$

$$H_{d3}{}^{II} = \frac{25{,}92 + 54{,}92}{1 - 0{,}765} = 105{,}67 \text{ kN}$$

Die Erhöhung von $H_d{}^{I}$ durch die Theorie II. Ordnung beträgt im Mittel

$$\frac{249 + 297 + 408}{3} \cong 318\,\%, \text{d. h. } H_d{}^{II} \approx 3 \cdot H_d{}^{I}$$

4.3.2.5   Variante: Stahlbaumäßige Rüstbinderaussteifung
Schubsteifigkeit:

$$\beta = 1$$
$$S_{id} = 1{,}4142 \cdot 2{,}1 \cdot 10^4 \cdot 5{,}63 \cdot 2 = 15{.}287 \cdot 21{,}875 = 334{.}402 \text{ kN}$$

Knicklast P_{ki}:

$$\text{Mit } P_E = \frac{\pi^2 \cdot 2{,}1 \cdot 10^4 \cdot 1{.}536{.}000}{1400^2} = 162{.}416 \text{ kN}$$

wird

$$P_{Ki} = \frac{1}{\frac{1}{334{.}402} + \frac{1}{162{.}416}} = 109{.}320 \text{ kN}$$

Querkräfte nach Theorie II. Ordnung:

$$H_{d1}{}^{II} = \frac{60{,}48 + 54{,}92}{1 - \left(\frac{3593}{109.320}\right)} = 119{,}34\,\text{kN}$$

$$H_{d2}{}^{II} = \frac{43{,}20 + 54{,}92}{0{,}967} = 101{,}47\,\text{kN}$$

$$H_{d3}{}^{II} = \frac{25{,}92 + 54{,}92}{0{,}967} = 83{,}60\,\text{kN}$$

Die Erhöhung der Horizontalbeanspruchung $H_d{}^I$ durch die Theorie II. Ordnung beträgt im Mittel 252 %. Der stahlbaumäßige Anschluss ist demnach wesentlich steifer als der Rohrkupplungsverband.

Gurtbeanspruchung:

- aus $q^I = 8{,}64\,\text{kN/m}$ wird

$$q^{II} = 8{,}64 \cdot 2{,}52 = 21{,}74\,\text{kN/m}$$

$$M_h{}^{II} = 21{,}74 \cdot \frac{14{,}00^2}{8} = 532{,}63\,\text{kN m}$$

$$D_h{}^{II} = Z_h{}^{II} = \frac{532{,}63}{2 \cdot 2{,}00} = 133{,}16\,\text{kN}$$

$$M_{h\text{sek}}{}^{II} = \frac{21{,}74}{2 \cdot 6} \cdot \frac{2{,}0^2}{10} = 1{,}45\,\text{kN m} \quad (M_{z\text{Obergurt}} \text{ als Durchlaufträger})$$

- aus $q_v = 25\,\text{kN/m}$

$$M_v = 25 \cdot \frac{14{,}00^2}{8} = 612{,}50\,\text{kN m}$$

$$D_v = Z_v = \frac{612{,}50}{1{,}80} = 340{,}28\,\text{kN}$$

$M_{v\text{sek}}$ je nach Ausbildung der Schalungskonstruktion
Der Obergurt ist für $M_{v\text{sek}}$, $D_v + D_h{}^{II}$, der Untergurt für Z_v nachzuweisen
Diagonalenkräfte Horizontalverband:

$$D^{II} = Z^{II} = \frac{119{,}34}{2 \cdot 2 \cdot 0{,}7071} = 42{,}19\,\text{kN}$$

4.4   Rippenlose Krafteinleitung bei Doppel-T-Profilen

Der Nachweis in Abb. 4.24 wird in Anlehnung an [V.1] Tafel 5.2 geführt.

Abb. 4.24 Kraftverteilung bei gekreuzten Trägern (S 235)

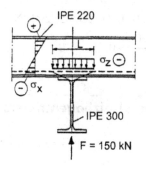

Abmessungen:

IPE 220: $t_s = t_w = 5{,}9$ mm

$r = 12$ mm

$t_g = t_f = 9{,}2$ mm

$h_w = h - 2 \cdot t_g = 201{,}6$ mm

IPE 300: $t_s = t_w = 7{,}1$ mm

$r = 15$ mm

$t_g = t_f = 10{,}7$ mm

$h_w = h - 2 \cdot t_g = 278{,}6$ mm

Annahme kein Stegbeulen $\to \gamma_M = \gamma_{M0}$

Auflagerkraft $F_{E,d} = F = 150$ kN

Beanspruchbarkeit des Steges $\sigma_{R,d} = 23{,}5$ kN/cm^2

IPE 220:

$$m_1 = \frac{f_{yb} \cdot b_F}{f_{yw} \cdot t_w} = \frac{235 \cdot 110}{235 \cdot 5{,}9} = 18{,}64$$

$$m_2 = 0 \text{ für } \bar{\lambda} \leq 0{,}5$$

$$l_y = L = s_s + 2 \cdot t_f \cdot \left(1 + \sqrt{m_1 + m_2}\right)$$

$$s_s = t_w + 2 \cdot t_f \cdot 1{,}414 = 5{,}9 + 2 \cdot 9{,}2 \cdot 1{,}414 = 31{,}92 \text{ mm}$$

$$l_y = 31{,}92 + 2 \cdot 9{,}2 \cdot \left(1 + \sqrt{18{,}64}\right) = 129{,}76 \text{ mm}$$

Grenzwert:

$$l_y = 1206 \cdot \frac{t_w^2}{h_w} = 1206 \cdot \frac{0{,}59^2}{20{,}16} = 20{,}82 \text{ cm} > 12{,}98 \text{ cm}$$

$$F_{R,d} = l_y \cdot t_w \cdot \sigma_{Rd} = 12{,}98 \cdot 0{,}59 \cdot 23{,}5 = 179{,}97 \text{ kN}$$

$$\frac{F_{E,d}}{F_{R,d}} = \frac{150}{180} = 0{,}83 < 1{,}0$$

IPE 300:

$$s_s = 7{,}1 \cdot 2 \cdot 1{,}07 \cdot 1{,}414 = 37{,}36 \text{ mm}$$

$$m_1 = \frac{150}{7{,}1} = 21{,}13$$

$$l_y = 37{,}36 + 2 \cdot 10{,}7 \cdot (1 + \sqrt{21{,}13}) = 119{,}7 \text{ mm} = 11{,}97 \sim 12 \text{ cm}$$

Grenzwert:

$$l_y = 1206 \cdot \frac{0{,}71^2}{27{,}86} = 21{,}82\,\text{cm} > 12{,}0\,\text{cm}$$

$$F_{R,d} = 12{,}0 \cdot 0{,}71 \cdot 23{,}5 \cong 200\,\text{kN}$$

$$\frac{F_{E,d}}{F_{R,d}} = \frac{150}{200} = 0{,}75 < 1{,}0$$

4.5 Biegedrillknicken eines Holzbogenträgers

Für Bogenträger aus Brettschichtholz wird die Grenzstützweite ohne Queraussteifung im Montagezustand gesucht.

Grundlagen: [V1] Kap. 5.1.2.2

Querschnittwerte

$$b/h = 0{,}20\,\text{m}/1{,}20\,\text{m}$$

$$f/l \leq 0{,}10$$

Abb. 4.25 Zweigelenkbogen

$$I_z = 1{,}20 \cdot \frac{0{,}2^3}{12} = 0{,}008\,\text{m}^4$$

$$I_T = 0{,}299 \cdot 0{,}2^2 \cdot 1{,}2 = 0{,}0144\,\text{m}^4$$

$$\text{für } \frac{h}{b} = 6 \rightarrow \eta = 0{,}299$$

$$E_{\text{mean}} = 11.000\,\text{N/mm}^2$$

$$G_{\text{mean}} = 600\,\text{N/mm}^2$$

K_{LED} kurzzeitig bei NKl 1 = 0,9

$$\gamma_M = 1{,}3$$

$$E_d = \frac{0{,}9 \cdot 10.000}{1{,}3}$$

$$G_d = \frac{0{,}9 \cdot 600}{1{,}3}$$

$$g = 0{,}2 \cdot 1{,}2 \cdot 7{,}0 = 1{,}68\,\text{kN/m}$$

Mit [V1] Gl. 5.13 wird

$$\eta = \frac{G_d \cdot I_T}{E_d \cdot I_z}$$

$$= 0{,}108 \sim 0{,}11$$

Aus Tafel 5.5 [V1] ist $g_{ki}/g_{ki\,\text{gerade}} \sim 0{,}55$
   Damit $g_{ki} = 1{,}35 \cdot 1{,}68/0{,}55 = 4{,}12\,\text{kN/m}$
   Aus [V1] Gl. 5.14 wird

$$\max l_{\text{Bogen}} = \left(28{,}91 \cdot n^{0{,}5} \cdot \frac{E_d \cdot I_z}{g_{ki}}\right)^{\frac{1}{3}}$$

$$= \left[28{,}91 \cdot 0{,}11^{0{,}5} \cdot \left(\frac{0{,}9 \cdot 11.000 \cdot 0{,}008}{1{,}3 \cdot 4{,}12}\right)\right]^{\frac{1}{3}}$$

$$= 24{,}20\,\text{m}$$

Damit ergibt sich bei $f/l = 0{,}1$ die Grenzstützweite zu 23,60 m bei $f = 2{,}36\,\text{m}$

4.6   Nachweis eines Betonplattenstapels

Der Stapel dient als Hilfsunterstützung zum Absenken eines Brückenlagers

Abb. 4.26 Betonplattenstapel

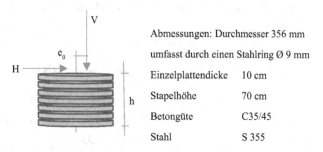

Abmessungen: Durchmesser 356 mm

umfasst durch einen Stahlring Ø 9 mm

Einzelplattendicke	10 cm
Stapelhöhe	70 cm
Betongüte	C35/45
Stahl	S 355

Auflast $V = F_K = 2150\,\text{kN}$

$H = V/100 = 21{,}50\,\text{kN}$

Exzentrizität $e_0 = 21{,}50 \cdot 0{,}70/2150 = 0{,}007\,\text{m} = 0{,}7\,\text{cm}$

Kernweite $k = 35{,}6/8 = 4{,}45\,\text{cm} > 0{,}70\,\text{cm}$

$$\lambda = \frac{l_0}{i}$$

$$l_0 = \beta \cdot h = 2,0 \cdot 0,7 = 1,40 \, \text{m}$$

$$i = \frac{D}{4} = \frac{35,6 - 2 \cdot 0,90}{4} = 8,45 \, \text{cm}$$

$$\lambda = \frac{140}{8,45} = 16,56 < 86$$

Berechnung als umschnürtes Druckglied ohne Bewehrung nach [12] Gl. 12.1 über Gl. 3.15:

$$f_{cd,pl} = \alpha_{cc} \cdot \frac{f_{ck}}{\gamma_c}$$

für C35/45 als zul. Größtwert ist

$$f_{cd,pl} = 16,3 \, \text{N/mm}^2$$

nach [10] Abschnitt 12.3.1,
Betonanteil mit [12] Gl. 12.2

$$N_{R,d} = \eta \cdot f_{cd,pl} \cdot \frac{\pi \cdot (35,6 - 2 \cdot 0,9)^2}{4} \cdot \left(1 - 2 \cdot \frac{0,7}{35,6}\right)$$

$$= 1,0 \cdot 16,3 \cdot 897,24 \cdot 0,96 = 1405 \, \text{kN}$$

Stahlanteil: Stahlringfläche = Wendelfläche umschnürter Stützen

$$A_{\text{St}} = (35,6 - 0,9) \cdot \pi \cdot 0,9 = 98,1 \, \text{cm}^2$$

$$f_c = \frac{355}{1,5 \cdot 1,1} = 21,5 \, \text{kN/cm}^2$$

$$N_{R,d} = 98,1 \cdot 21,8 = 2139 \, \text{kN}$$

$$N_{E,d} = 2150 \cdot 1,35 \quad \text{(Bauzustand)}$$

$$\frac{N_{E,d}}{N_{R,d}} = \frac{2150 \cdot 1,35}{1405 + 2139} = 0,82 < 1,0$$

Literatur

1. DIN EN 1995-1-1:2010-12, *Bemessung und Konstruktion von Holzbauten Teil 1-1 Allgemeines – Allgemeine Regeln und Regeln für den Hochbau*, Beuth Verlag, Berlin 2016 und DIN EN 1995-1-1/NA/A1:2012-02 und DIN EN 1995-1-1/A2:2014-07
2. EISENBAHN-BUNDESAMT: *Eisenbahnspezifische Liste Technischer Baubestimmungen*, Richtlinie 804, Teil 1, Kap. 8.2, Stand 01/2016

3. SCHNEIDER, K.J.: *Bautabellen für Ingenieure,* 15. Auflage 2002, Werner-Verlag Düsseldorf

4. LINDNER, J.: *Steifigkeitsannahmen für die Berechnung von Rüststützen,* Bw 3879, VDI-Bildungswerk 1979

5. NATHER, F.: *Schubsteifigkeit,* VDI-Berichte 245, Probleme des Traggerüstbaus, S. 87-103, VDI-Verlag GmbH, Düsseldorf 1975

6. DIN EN 1993-1-1:2010-12, *Bemessung und Konstruktion von Stahlbauten, Allgemeine Bemessungsregeln und Regeln für den Hochbau,* Beuth Verlag, Berlin, 2010

7. SIEGBURG: P.: *Anerkannte Regeln der Bautechnik-DIN-Normen,* Baurecht, 4/1985, S367–388

8. DIN EN 1991-1-1:2010-12, *Allgemeine Einwirkungen auf Tragwerke,* Wichten, Eigengewicht und Nutzlasten im Hochbau, Beuth Verlag, Berlin

9. DIN EN 1991-1-4:2010-12, *Windlasten,* Beuth Verlag, Berlin

10. DIN 18218:2010-01, *Frischbetondruck auf lotrechte Schalungen,* Beuth Verlag, Berlin, 2010

11. DIN EN 12812:2008-12, *Traggerüste, Anforderungen, Bemessung und Entwurf,* Beuth Verlag, Berlin, 2008

12. DIN EN 1992-1-1:2013-04, *Bemessung und Konstruktion von Stahlbeton- und Spannbetonbauwerken, Allgemeine Bemessungsregeln und Regeln für den Hochbau,* Beuth Verlag, Berlin, 2013

Planungs- und Konstruktionshinweise 5

DIN EN 12812:2008-12 [1] ist für den Gültigkeitsbereich der Zusätzlichen Technischen Vertragsbedingungen und Richtlinien für Ingenieurbauten (ZTV-ING) [2] der Bundesanstalt für Straßenwesen (BASt) verbindlich. Zusammen mit der Anwendungsrichtlinie (AwR) [3] des DIBt ergeben sich diejenigen Regeln, die in [V.4] durch eine neue Fassung der Empfehlungen der Prüfingenieure für die Prüfung von Traggerüsten aktualisiert wurden.

Die Feststellungen der AwR sind normativ. Sie beziehen sich im Wesentlichen auf Präzisierungen allgemein gehaltener Passagen in der Norm durch deutsches Baurecht und durch Aktualisierungen; zum Beispiel muss es statt DIN 18800:2008-1 nun DIN EN 1993-1:2010-12 [4] lauten. Für zusätzliche Werkstoffe entsprechend dem Nationalen Anhang (NA) der AwR (Tafeln NA.1 und NA.3) werden die dort aufgeführten Werkstoffe nicht verändert, aber ergänzt und durch aktuelle Bezeichnungen der zitierten Normen präzisiert.

Die in den AwR ergänzten Regeln enthalten Angaben zu den Anforderungen an die Bemessung und an die verwendeten Werkstoffe sowie Festlegungen bezüglich der Lastannahmen (Frischbetondruck, Wind, Erdbeben) und zur Ermittlung von charakteristischen Kennwerten (Kupplungen, verstellbare Fuß- und Kopfspindeln aus Stahl, Trägerklemmen, Spannstahl, Baustützen aus Stahl mit Ausziehvorrichtung).

Alle DIN-Angaben sind als Mindestforderungen zu betrachten.

5.1 Planerische Randbedingungen

5.1.1 Anforderungen an Rechenverfahren und Konstruktion

Die Ermittlung von Beanspruchungen dürfen nur auf der Grundlage der Elastizitätstheorie erfolgen (Verfahren elastisch-plastisch).

© Springer Fachmedien Wiesbaden GmbH 2017
W. Jeromin, *Gerüste und Schalungen im konstruktiven Ingenieurbau*,
DOI 10.1007/978-3-658-16115-6_5

In Bild 10 der Norm sind Queraussteifungen einer Rüstträgerlage dargestellt ohne die Verbände B und C (Bild 4 DIN 4421). In Tafel 2.10 Bild C ist dieser Sachverhalt bereits korrigiert.

Werden Gerüstkupplungen nach DIN EN 74 [5] mit den dort und in Tabelle 4 der Norm angegebenen nutzbaren Widerständen eingesetzt, müssen die zu verbindenden Gerüstrohre aus Stahl eine Mindeststärke von 3,2 mm aufweisen (DIN EN 12812, Ziff. 9.4.2.3.1).

Die Überdeckung von Kopf- und Fußspindeln durch die Gerüstrohre muss mindestens 15 cm betragen.

5.1.2 Umfang und Genauigkeit der zeichnerischen Darstellung

Erforderlich sind Ausführungszeichnungen mit einer Genauigkeit und einem Umfang, die den Anforderungen gemäß ZTV-ING:2014/12, Kap. 2, Teil 6, Abschn. 2 [2], DIN EN 12812:2008-12, Abschn. 6 und 9 [1] und DIN EN 1992-1-1, NA, Abschn. 2.8.2, Absatz 4 (P) [7] entsprechen. Hinweise in den Ausführungszeichnungen auf die Statik (z. B. „siehe Detail Statik Seite ...") sind nicht ausreichend.

Insbesondere wird auf Folgendes hingewiesen: Systemlinien, Hauptmaße und Hauptlängen sind darzustellen.

- Es sind alle wichtigen Details maßstäblich darzustellen, unter anderem auch Spindelhöhen mit Angabe der maximalen Ausspindelungen, horizontale Festhaltungen an Bauwerksteilen.
- In maßgeblichen Schnitten sind Höhen, Vermassung der Lichtraumprofile im Bauzustand und Abstände zwischen Traggerüst und Lichtraumprofil im Betonier- und Absenkzustand anzugeben.
- Montageverbände, die zu unzulässigen Zwängungen führen können, sind vor dem Betonieren zu lösen. Sie sind auf der Zeichnung besonders zu kennzeichnen. Montageverbände aus Gerüstrohren bei Jochen mit planmäßiger H-Lastableitung durch Abspannungen zählen nicht dazu.
- Werden Obergerüst, Traggerüst und Gründung auf getrennten Blättern dargestellt, sind die wichtigsten angrenzenden Bauteile anzudeuten, zum Beispiel bei der Gründung die Stützenstiele und beim Obergerüst die Trägerlage.
- Kippverbände von Trägerlagen sind auch in der Draufsicht darzustellen.

Die koordinierten Ausführungsunterlagen zum Obergerüst (Schalung), zum Traggerüst und zur Gründung sind gleichzeitig zur Prüfung vorzulegen.

5.1.3   Vollständigkeit der Ausführungsunterlagen

- Bei den statischen Berechnungen und Ausführungsplänen sind ersatzweise keine Querverweise auf die Unterlagen anderer Ausführungsbeispiele oder entsprechende Kopien zulässig, auch nicht, wenn diese gleichen oder vergleichbaren Belastungen und statische Systeme aufweisen. Vielmehr müssen die vorzulegenden Ausführungsunterlagen den jeweiligen Ausführungsfall objektbezogen und vollständig behandeln.
- Umrechnungsfaktoren und Vergleiche mit Berechnungen anderer Objekte können nicht als Ausführungsstatik akzeptiert werden.

5.1.4   Verbindlichkeit von Zulassungen, Typenprüfungen, Versuche

Abweichungen von Zulassungen sind grundsätzlich nicht möglich. Die Forderungen aus Typenprüfungen sind uneingeschränkt einzuhalten.

Eine Abweichung von einer Typenprüfung ist nur durch einen in sich vollständigen Nachweis im Einzelfall möglich, wobei wegen der Verantwortlichkeit des Aufstellers keine Verweise auf die Typenprüfung möglich sind. Ein vertikaler Verband zwischen Spindelkopf und Stützenkopf kann beispielsweise nicht als planmäßiger Ersatz für unzulässige Abweichungen der Ausdrehlängen angesehen werden.

Firmeneigene Versuche als Verwendbarkeitsnachweis von Bauteilen sind nach ZTV-ING:2014/12, Teil 6, Abschn. 1, Kap. 2, Abs. 4 [2], DIN EN 12812:2008-12, Abschn. 9.5.2 [1], DIN EN 12811-3 [6] sowie AwR Abschn. 9.5.2 [3] nur dann zulässig, wenn diese bei einer anerkannten Prüfstelle durchgeführt werden.

5.2   Statische Randbedingungen

5.2.1   Statische Randbedingungen bei der Berechnung

Kantholz- und Rüstträgerlagen bilden einen Trägerrost. Die Wahl des statischen Systems der Kanthölzer und die elastische Nachgiebigkeit der Rüstträger außerhalb der Auflagerlinie müssen berücksichtigt werden. Nachfolgend wird gezeigt, welche Lasten sich bei unterschiedlichen statischen Randbedingungen ergeben:

a) statisch bestimmte Lastverteilung
b) starre Auflagerung der Kantholzlage und
c) elastische Auflagerung der Kantholzlage

Im Falle der starren Lagerung erhält das zweite Auflager von außen Zugkräfte. Wenn jedoch die elastische Verformung der Rüstträger außerhalb des Auflagers berücksichtigt

Abb. 5.1 Schnittkraftverlauf
bei unterschiedlichen Randbedingungen [8]

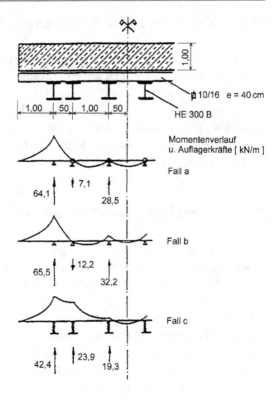

wird, entsteht ein Ausgleich in der Lastverteilung. Fall b gibt die höchste Beanspruchung
für die Träger am Auflager, Fall c die Lastverteilung in Feldmitte wieder.

Zugbeanspruchungen können im Regelfall nicht von der Konstruktion aufgenommen
werden und führen dann zum Versagen: Umkippen bei statisch bestimmter Lagerung oder
u. U. auch große Lastumlagerungen mit anschließendem Einsturz.

Um negative Auflagerkräfte zu vermeiden, ist bei der Belastung von Traggerüsten auf
einen statisch verträglichen Betonierverlauf zu achten.

Als Schalungslängsträger werden im Traggerüstbau üblicherweise Breitflanschprofile
oder Fachwerkträger verwandt.

Die Berechnung von Walzprofilträgern erfolgt hinsichtlich der Tragfähigkeit anhand
von Profiltabellen unter den Bedingungen von DIN EN 1993-1-1 bzw. DIN EN 12812.
Fachwerkträger sind aus einzelnen Segmenten zusammengesetzt und von verschiedenen
Herstellen typengeprüft angeboten. Die Tragfähigkeitswerte können aus der Typenprüfung in Abhängigkeit von der Stützweite entnommen werden. Dabei ist zu beachten, dass
für Trägerlagen in Querneigung bei lotrecht angreifenden Lasten zusätzliche Horizontallasten entstehen.

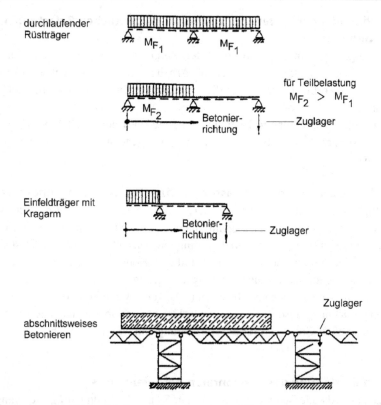

Abb. 5.2 Zuglager in Abhängigkeit vom Betoniervorgang [8]

Abb. 5.3 Einwirkung bei
geneigtem Träger [8]

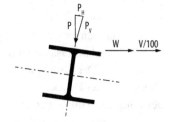

5.2.2   Konstruktive Hinweise

5.2.2.1   Montage- und Rückbauzustände

Die Prüfung der Montage- und Rückbauzustände gehört im Regelfall nicht zum Aufgabenbereich des Prüfingenieurs. Sie bleiben im Verantwortungsbereich des Bauunternehmers und sind nur im Ausnahmefall (z. B. Verschubgerüste) prüfpflichtig.

5.2.2.2 Planmäßiger Systemwechsel vor der eigentlichen Belastung des Gerüstes

Ein planmäßiger Systemwechsel vor dem Betonieren nach Endmontage des Gerüstes ist nur erlaubt, wenn eine statisch abgesicherte Arbeitsanweisung vorliegt. Darüber hinaus muss eine verantwortliche Person, die die Maßnahmen überwacht und protokolliert, benannt sein.

Dies gilt zum Beispiel für eine Festpunktänderung bei Brücken mit Arbeitsfugen, wenn das Traggerüst kurz vor dem Betonieren am vorhergehenden Überbauabschnitt befestigt werden muss.

5.2.2.3 Berücksichtigung von Lastexzentrizitäten bei Flachgründungen

Außermittigkeiten von Stützen auf Gründungen lassen sich baupraktisch nicht vermeiden. Pauschale Vorgaben solcher Exzentrizitäten für die Statik sind nicht sinnvoll, weil damit Ausführungen mit größerer Maßgenauigkeit benachteiligt werden. Deshalb wird empfohlen, in der Statik in Zusammenarbeit mit dem Koordinator für jeden Einzelfall die maximale Lastexzentrizität für die Gründung anzugeben.

Diese wird in den statischen Nachweisen (z. B. gegen Grundbruch) erfasst und auf der Ausführungszeichnung ausdrücklich benannt. Die so vereinbarte zulässige Exzentrizität dient dann als oberer Grenzwert für die Ausführung und wird bei der Überwachung überprüft.

5.2.2.4 Weiterleitung des horizontalen Betonierdrucks

Der horizontal wirkende Betonierdruck, z. B. auf Steg- oder Endquerträgerschalung, steht mit dem gleich großen, entgegengesetzt wirkenden Druck auf den Frischbetonkörper im Gleichgewicht. Sofern diese beiden Drücke nicht über eine entsprechende konstruktive Ausbildung der Schalungskonstruktion unmittelbar in ein inneres Gleichgewicht gebracht werden, müssen sie getrennt in unterschiedliche Auflager nach außen abgeleitet werden.

Bei der Abschlussschalung des Brückenendes kommt hierfür z. B. folgende Lösung in Betracht: Der Druck auf die Seitenschalung wird über Abstützungen ins Widerlager abgegeben, der Druck auf den Frischbetonkörper wird über die Bodenplattenschalung von der Längsfesthaltung der Trägerlage aufgenommen.

Insbesondere bei Brücken mit schiefen Enden ist dieser Einfluss sowohl bei der Schalung der Hauptträgerstege, als auch bei der Schalung des Überbauabschlusses konsequent zu verfolgen (vgl. auch Abb. 3.4).

5.2.3 Statische Randbedingungen für Schalungen

Seitliche Kragarmschalungsböcke (Abb. 5.4) werden bei horizontaler Belastung ohne Auflast aus dem Kragarmbeton im stegseitigen Pfosten durch Zug belastet (Zustand 1). Diese Zugkraft muss konstruktiv an die Kantholzlage angeschlossen werden. Nach dem Betonieren des Kragarms (Zustand 2) wird sie im Regelfall überdrückt.

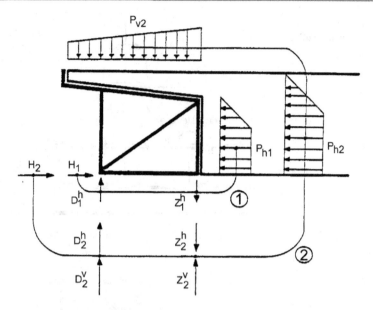

Abb. 5.4 Kraftveränderung bei einem Kragarmschalungsbock während des Betoniervorgangs [8]

5.3 Konstruktionshinweise für Schalungslängsträger

Bei Rüstträgerneigung in Längsrichtung und auch bei Endtangentenverdrehung entsteht eine Lastausmitte, die zu Flanschbiegung bzw. Verdrehen des Jochträgers führt, sofern keine Zentrierleiste angeordnet wird (Abb. 5.5).

Die Übertragung von Querlast aus Schalungslängsträgern auf Jochträger kann erfolgen

- über Reibungsschluss (falls ausreichende Sicherheit gegen Umkippen gegeben ist),
- durch Trägerklemmen als Anschlag oder
- durch angeschweißte Anschlagwinkel (Abb. 5.6).

Die zulässigen Reibungsbeiwerte sind DIN EN 12812, Tab. B.1 zu entnehmen.

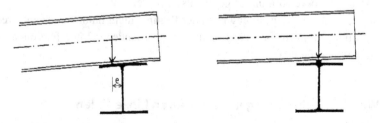

Abb. 5.5 Auflagerung ohne oder mit Zentrierleiste

Abb. 5.6 Übertragung von
Horizontalkräften am Auflager
von Schalungslängsträgern

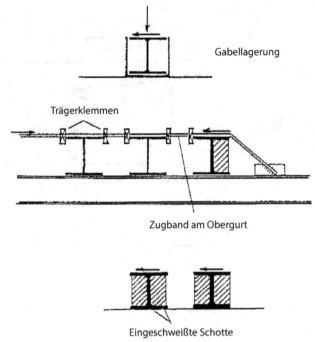

Bei der Verwendung von Trägerklemmen ist deren Zulassung zu beachten. Grundsätzlich dürfen mittels Trägerklemmen nur parallel zur Reibfläche wirkende Kräfte übertragen werden. Zugbeanspruchungen normal zur Reibfläche sind unzulässig. Die zulässige übertragbare Kraft je Trägerklemme und Reibfläche beträgt 4 kN.

5.3.1 Ersatzlast V/100 und Horizontalkräfte aus Imperfektionen

Beim statischen Nachweis müssen sowohl die horizontale Ersatzlast $H = V/100$ (entspr. DIN EN 12812, Abschnitt 8.2.2.2) [1] als auch zusätzlich Horizontallasten aus geometrischen Imperfektionen (DIN EN 12812, Abschnitt 9.3.4.2) [1] berücksichtigt werden. Beide sind in jeder beliebigen Richtung möglich. Winkelabweichungen aus ungenauer Montage bzw. aus Vorverformungen gelten als Imperfektion

Anhand dieser Zusammenstellung kann der Prüfingenieur dann – nach entsprechender stichprobenartiger Kontrolle – bestätigen, dass die vorhandenen Imperfektionen durch die Ansätze der Statik erfasst sind.

5.3.2 Windlastreduzierung in besonderen Einzelfällen

Eine Windlastreduzierung im Betonierzustand kann – wenn die Bauaufsichtsbehörde zustimmt – in Ausnahmefällen (sofern die volle Windlast nach DIN EN 1991-1-4 [9], bzw.

DIN EN 12812, Tab. 1 [1] zu einem unangemessenen Aufwand führen würde) akzeptiert werden, wenn sichergestellt wird, dass nur bis zur dort genannten Windstärke betoniert wird. Die windtechnischen Daten für den maßgebenden Zeitraum müssen unmittelbar vor dem Betonieren von einem meteorologischen Institut bestätigt sein.

Die Windlast auf Traggerüste kann entsprechend DIN EN 1991-1-4 Kapitel 7 (Baukörper) ermittelt werden.

5.3.3 Anwendung der steifenlosen Bauweise des Stahlbaus

Die Grundsätze der steifenlosen Bauweise können auch im Traggerüstbau angewendet werden, wenn die Auflagerung, wie in DIN EN 1993-1-5:2010-12, Abschn. 6.2 [10] beschrieben, konstruiert wird. Insofern ist die Erfüllung der stahlbaulichen Voraussetzungen in jedem Einzelfall nachzuweisen. Die steifenlose Bauweise sieht nur Kräfte in der Stegebene vor.

Nicht zu erfüllen ist diese Voraussetzung beispielsweise bei Kopf- und Fußträgern von Stützenjochen, wenn dort Lastexzentrizitäten infolge der V-Lasten unvermeidbar sind.

Für Längsträger ist die Voraussetzung beispielsweise nur erfüllt, wenn die H-Kraftableitung durch gesonderte Konstruktionen nachgewiesen wird und sich aus der Schalungskonstruktion keine ungewollten Lastexzentrizitäten ergeben.

5.3.4 Kippsicherung von Profilträgern

Fragen der örtlichen Lasteinleitung in die Profile im Auflagerbereich sind hier nicht behandelt. Diese sind in jedem Einzelfall statisch gesondert zu untersuchen, Abschn. 5.3.3 ist zu beachten.

5.3.4.1 Vertikale Verbandscheiben zwischen den Trägern

Als Kippsicherung von Trägerlagen sind verschiedenartige konstruktive Lösungen gebräuchlich.

Die Flachstahlaussteifung am Auflager stellt eine stahlbaumäßige Verbindung zwischen den Obergurten der Träger mit Aussteifung an den Enden (Diagonalstab mit Eckschott zur Aufnahme der Umlenkkraft) dar (Abb. 5.7).

Abb. 5.7 Flachstahlaussteifung mit Eckschott bei Kippsicherung am Auflager

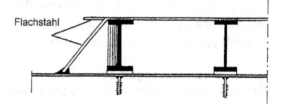

Flachstahl

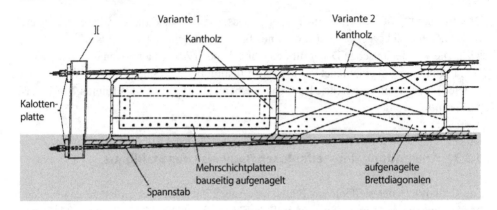

Abb. 5.8 Kantholzverband mit Verspannung als Kippsicherung im Feld oder am Auflager

Abb. 5.9 Rohrkupplungsverband als Kippsicherung im
Feld oder am Auflager

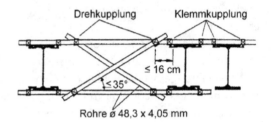

Abb. 5.8 zeigt einen Verband aus Kanthölzern mit Verspannung der Träger untereinander.

Voraussetzung für diese Lösung ist, dass die Kanthölzer sorgfältig zwischen den Stegen eingepasst und verkeilt sind. Die Verkeilungen müssen gesichert werden und auch während der Belastung des Gerüstes unverschieblich festsitzen. Die Spannstäbe sind nach Einbau der Kanthölzer gleichmäßig festzuziehen. Hier wird nur die Verdrehung der einzelnen Träger behindert.

Eine weitere Möglichkeit der Kippsicherung besteht in Rohrkupplungsverbänden aus Rohrkreuzungen zwischen den Trägern (Diagonalen) und Gurtrohren oberhalb und unterhalb der Träger entsprechend Abb. 5.9.

Als Verbindungsmittel der Rohre werden Drehkupplungen verwendet. Die Gurtrohre müssen beidseitig unverschieblich an den Flanschen der Träger angeklemmt oder angeschraubt werden. Die Abstände der Diagonalanschlüsse an den Gurtrohren dürfen gemäß DIN EN 12812 Abschn. 9.4.2.3.1 [1] das Maß von 16 cm nicht überschreiten. Eine optimale Steifigkeit der Auskreuzung wird bei Winkeln $\leq 35°$ zwischen Diagonalen und Gurten erreicht. Auch hier wird nur die Verdrehung verhindert.

Rohrkupplungsverbände sind nur bei Trägern gleicher Höhe und Neigung möglich.

5.3.4.2 Ausschottungen der Träger

Entsprechend DIN EN 1993-1-1:2010-12 [4] sind bei Profilträgern Bleche einzuschweißen, sofern Ausschottungen erforderlich sind. Diese Forderung kann zur Herstellung der

Kippsicherung durch Gabellagerung eingeschränkt werden auf notwendige horizontale Aussteifung des Obergurts gegenüber dem Untergurt. Die Mindestdicke der Ausschottungsbleche muss 10 mm betragen. Sie sind mit Kehlnähten $a > 4$ mm vollständig an Gurte und Steg des Walzprofils einzuschweißen.

Falls halbseitige Ausschottungen verwendet werden, sind sie auf der „Talseite" anzuordnen, wenn bei schiefstehenden Trägern infolge Brückenquerneigung eine eindeutige Kraftrichtung gegeben ist. Bei lotrecht stehenden Trägern mit halbseitiger Ausschottung müssen die Trägerobergurte nahe dem Auflager druck- und zugfest miteinander verbunden sein. Zur Querkraft-Durchleitung an Auflagern sind die Schotte aus Gleichgewichtsgründen stets beidseitig anzuordnen.

Werden Ausschottungen von Profilträgern – auch halbseitige – nicht zentrisch über den Auflagerlinien angeordnet, so kann nach [11] eine Tragkraft, die gegenüber idealer Gabellagerung um 5 % vermindert ist, zugrunde gelegt werden. Folgende Voraussetzungen sind dabei einzuhalten:

- Abstand der Ausschottung von der Auflagerlinie < 30 cm
- Profilträger < 500 mm Höhe, mindestens der Reihe HE-B
- Querlast rechtwinklig zum Steg < 5,5 % (einschl. 2 % aus Imperfektion) der gleichzeitig wirkenden Last in Stegebene
- Stützweite des Profilträgers > 20-fache Trägerhöhe
- Trägerüberstand über Auflager > Trägerhöhe

5.3.4.3   Zur Kippsicherung nicht geeignete Maßnahmen

Beidseitig zwischen die Flansche eines Trägerprofils eingepasste Rohrstutzen oder Spindeln stellen Pendel dar. Sie können ein seitliches Ausweichen des oberen Trägerflansches nicht wirksam verhindern, können jedoch zum Beispiel bei Fußträgern zur zentrischen Kraftdurchleitung verwendet werden.

Hartholzauskeilungen von Profilträgern sind im Hinblick auf unzureichende Passgenauigkeit, mögliche Schwindverformungen und schwierige Keilsicherung auch zur Kraftdurchleitung auszuschließen.

5.4   Konstruktionshinweise für Stützjoche mit Rohrkupplungsverbänden

5.4.1   Zusätzliche Vertikalkräfte aus horizontalen Lasten

Horizontale Lasten rufen in Stützenjochen zusätzliche Vertikalkräfte hervor. Bei Anordnung eines Rohrkupplungsverbandes (Abb. 5.10) erhalten alle Stützen Zusatzkräfte. Diese werden bei Gerüsten der Gruppe B nach DIN EN 12812, Abschnitt 9.4.2.1 unter der Annahme des Ebenbleibens der Querschnitte berechnet.

$$\Delta V_i = \left(H \cdot h + q_h \cdot \frac{h^2}{2} \right) \cdot \frac{A_i \cdot e_i}{\sum A_i \cdot e_i^2}$$

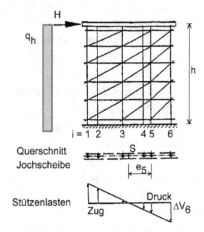

Abb. 5.10 Zusätzliche Vertikalkräfte im Stützenjoch mit Rohrkupplungsverband

Sofern die vertikalen Stützen nicht aus Rohren bestehen, sondern hinsichtlich ihrer Tragfähigkeit einer Typenprüfung oder Zulassung entnommen werden, ist auf die dort vorausgesetzten Lagerungsbedingungen zu achten. Bei Abweichungen sind zusätzliche Nachweise erforderlich.

Abb. 5.11 zeigt ein Stützenjoch mit Seilabspannung. Hier erhalten nur die je zwei äußeren Stützen zusätzliche Kräfte infolge H.

Die Abspannungen werden oben jeweils neben den äußeren Stützen am Jochträger angeschlossen und unten entweder an einem vorhandenen Gründungsträger oder an Fundamentverankerungen befestigt (hierzu Abschn. 5.4.5).

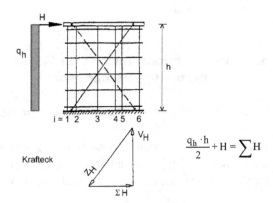

Abb. 5.11 Zusätzliche Vertikalkräfte im Stützenjoch mit Seilabspannung

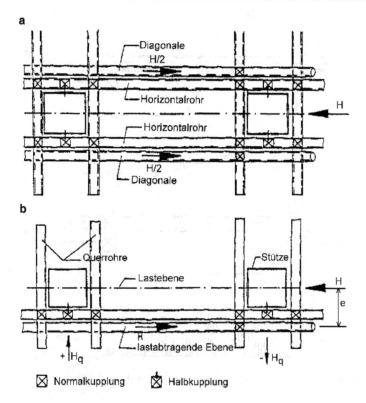

Abb. 5.12 Symmetrischer (**a**) bzw. einseitiger (**b**) Anschluss von Verbänden

Dadurch ergibt sich für die äußeren Stützen eine zusätzliche Vertikalkomponente (V_H) aus den Abspannungen, die bei der Bemessung der Stützen berücksichtigt werden muss.

5.4.2   Anordnung bzw. Anschluss von Verbänden

Aussteifungen sollen symmetrisch angeordnet werden, da bei einseitigen Anschlüssen ungewollte Sekundärbeanspruchungen auftreten, die rechnerisch verfolgt und aufgenommen werden müssen, wie in Abb. 5.12 und 5.13 näher erläutert wird.

Die Beanspruchung bei einseitigem Anschluss erzeugt im Rohr ein konstantes Moment über die volle Länge. Bei verschränktem Anschluss nimmt das Moment von den Größtwerten an den Rohrenden zur Mitte hin linear auf Null ab. Deshalb sind Rohrkupplungsverbände bei verschränktem Anschluss höher beanspruchbar als bei einseitigem Anschluss.

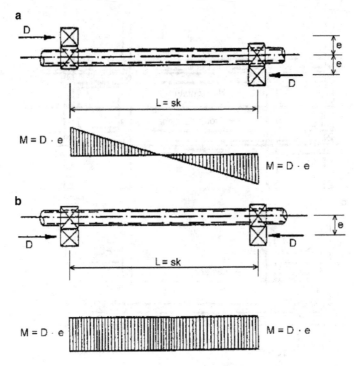

Abb. 5.13 Auswirkungen verschränkter (**a**) bzw. einseitiger (**b**) Anschlüsse

5.4.3   Wahl der Festpunkte bei Kopfhalterungen von Pendeljochen

Es müssen statisch eindeutige Festhaltepunkte gewählt werden. In der Regel sollten die Jochträger am Widerlager bzw. Pfeiler gegen Zug und Druck verankert werden. Bei Festhaltung an den Längsträgerüberständen sind die möglichen Trägerverformungen (Durchbiegungen, Auflagerdrehwinkel) zu berücksichtigen.

5.4.4   Im Grundriss schräg angeordnete Pendeljoche

Bei im Grundriss schräg angeordneten Jochen sind die Einwirkungen aus Wind in die Komponenten zu zerlegen, in deren Richtung eine Lastaufnahme möglich ist. Dies sind in der Regel die Richtungen der Joch- und Längsträgerlage.

Umlenkkräfte aus Imperfektionen, horizontale Ersatzlast und Wind sind in der Richtung wirkend anzusetzen, für die sich die jeweils ungünstigsten Reaktionen an den horizontalen Lagerungen ergeben.

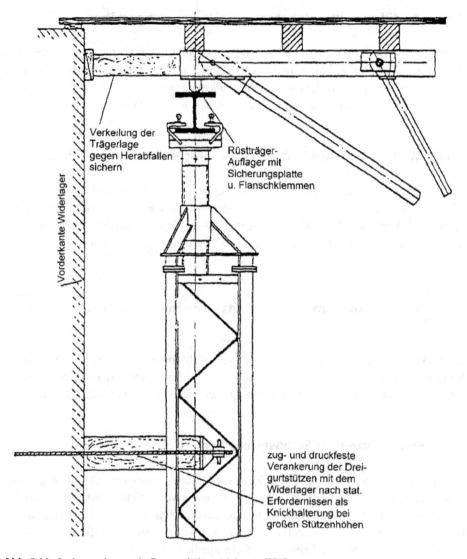

Abb. 5.14 Jochverankerung in Bauwerkslängsrichtung [V.1]

Ergibt sich an Jochen aufgrund der gewählten Konstruktion eine Längsverschiebung ΔL der Trägerlage, so ist die Horizontalaussteifung der Joche für die Kräfte nachzuweisen, die sich aus einer Verschiebung in Jochachse von $\Delta L \cdot \cos\alpha$ (α = Winkel $\leq 90°$ zwischen Joch und Längsträger) ergeben. Kräfte aus äußeren horizontalen Einwirkungen (Wind, horizontale Ersatzlast) dürfen hierauf angerechnet werden, wobei die horizontale Scheibensteifigkeit der Schalung bei dieser Grenzbetrachtung außer Ansatz bleibt.

5.4.5   Ausführung von einbetonierten Verankerungsstäben

Häufig werden Bewehrungsstäbe als Verankerungen für Zugdiagonalen von Stützenjochen in die Fundamente einbetoniert. Es wird empfohlen, diese Maßnahme zu vermeiden, da die erforderliche Maßgenauigkeit (z. B. Neigungswinkel) und der genaue Einbauort auf der Baustelle erfahrungsgemäß nur schwer eingehalten werden können.

5.4.6   Wiederholte Verwendung von ungeschützten Spannstählen

Gegen die wiederholte Verwendung von ungeschützten Spannstählen St 885/1080 (Durchm. = 15,1 mm) für Abspannungen bestehen keine Bedenken, wenn sich bei einer optischen Überprüfung keine Mängel zeigen. Schäden sind in solchen Fällen bisher nicht bekannt. Für Abhängungen an Koppelfugen sind grundsätzlich neuwertige Spannstähle einzusetzen.

5.5   Konstruktionshinweise für Stützjoche mit Typen- und Profilstützen

Absenkkeile können ohne genaueren Nachweis nicht zur Übertragung von Momenten herangezogen werden. Der genauere Nachweis einer Momentenübertragung bei Absenkkeilen ist nur im Rahmen einer Typenprüfung oder bauaufsichtlichen Zulassung möglich.

5.5.1   Einzelstützen aus Stahlwalzprofilen

Einzelstützen aus Stahlwalzprofilen mit angeschweißten Fußplatten können wegen der relativ kleinen Fußplattenabmessungen und der rechnerisch nicht erfassbaren Nachgiebigkeit der Mörtelfuge und des Fundamentes nicht am Fußpunkt als eingespannt angenommen werden. Solche Stützenfüße sind im statischen System des Einzelknickstabes nach Theorie II. Ordnung rechnerisch als Gelenkpunkte anzusehen.

Falls eine Horizontalbewegung des Stützenkopfes aus Pendelwirkung nicht ausgeschlossen ist, darf die Einspannwirkung am Stützenfußpunkt nicht vernachlässigt werden, sofern dort keine besonderen Maßnahmen für eine gelenkige Lagerung vorgesehen sind. Vereinfacht dürfen die Schnittgrößen als Einzelknickstab nach Theorie II. Ordnung (Annahme: Gelenk im Stützenfußpunkt) und die Schnittgrößen aus Pendelwirkung (Annahme: Einspannung am Stützenfußpunkt) ungünstig superponiert werden.

5.5.2   Kopfplattenstöße von Stützenschüssen

Kopfplattenstöße von Stützenschüssen sind nur dann Kontaktstöße im Sinne der DIN EN 1993-1-1 [4], wenn die Kopfplatten in den Stoßfugen parallel und winkelrecht sind. Bei Abweichungen hiervon ist eine entsprechende ungewollte gegenseitige Winkelverdrehung der gestoßenen Bauteile zueinander zu berücksichtigen. Die Einhaltung der rechnerischen Vorgaben ist vor Ort, z. B. durch Spaltmessungen in den Stoßfugen, zu kontrollieren. Dies gilt bei Einzelstützen (Pendelstützen).

Bei Rahmenstützen, d. h. bei durch eingeschweißte Verbände (Diagonalen und Riegel) verbundene Einzelstützen, muss die Einhaltung der nach DIN EN 1993-1-1 [4] geforderten Toleranzen in der Rahmenebene erfüllt sein.

Die Kopfplatten müssen passgenau miteinander verschraubt werden, um auszuschließen, dass die gestoßenen Stützenteile querversetzt sind. Andernfalls ist eine mögliche Lastexzentrizität aus Stoßquerversatz rechnerisch zu verfolgen.

5.5.3   Unvermeidbare Außermittigkeiten am Stützenkopf

An Stützenköpfen sind Außermittigkeiten zwischen Stützenachse und aufliegenden Bauteilen (Absenkkeile bzw. Pressen, Jochträger, Zentrierleisten) nicht zu vermeiden. Hierfür sind realistische Größen in die statische Berechnung einzuführen, deren Einhaltung vor Ort zu kontrollieren ist. Gemäß DIN EN 12812, Ziff. 9.3.6 letzter Absatz sind mindestens 5 mm anzusetzen, wenn nicht nachweisbar kleinere Außermittigkeiten sichergestellt sind.

5.5.4   Knicksicherheitsnachweis der Einzelstütze

Beim Knicksicherheitsnachweis für die Einzelstütze ist zusätzlich zu den in Abschn. 5.5.2 und 5.5.3 genannten, ungewollten Außermittigkeiten die Vorverformung affin zur Knickfigur entsprechend DIN EN 12812, Ziff. 9.3.4.1 einzuführen.

5.5.5   Knicklänge von Rüststützen als Einzelstützen

Die Knicklänge von Rüststützen als Einzelstützen (Pendelstützen) reicht vom Fußpunkt in OK Fundament bis zur Kippleiste zwischen Längsträger und Jochträger des Traggerüsts, schließt also die Absenkkeile (bzw. Pressen) und den Jochträger (evtl. Trägerstapel) mit ein.

Wegen der Gelenkwirkung der Absenkkeile (bzw. Pressen mit Kugelkalotten) werden in solchen Fällen planmäßige Überbrückungen solcher Gelenke zur Herstellung des durchgehend biegesteifen Druckstabs erforderlich. Diese müssen statisch eine ausreichende biegesteife Verlängerung der Stützen bis zur Kippleiste der Traggerüstlängsträger bilden, wobei die Lagerung und Steifigkeit der überbrückenden Bauteile, z. B. U-Profile und Nachgiebigkeiten eventueller Durchspannungen im statischen System des Knickstabes zu erfassen sind. Zum Nachweis der Standsicherheit ist die Tragsicherheitsberechnung unter γ-facher Belastung nach Theorie II. Ordnung erforderlich.

5.5.6 Absenkvorgang des Traggerüsts

Der Absenkvorgang des Traggerüsts durch die Absenkkeile kann häufig nur durch Lösen der überbrückenden Bauteile gemäß Abschn. 5.5.4 ausgeführt werden. Dies führt dann zu einer statischen Unsicherheit des Tragverhaltens der Stütze zum Zeitpunkt nach dem Lösen und vor dem Absenken. Ist eine Teilabsenkung des Traggerüsts erforderlich und muss es während des Absenkvorgangs und danach voll standsicher bleiben, sind besondere Maßnahmen zu treffen.

5.6 Abnahmeprotokolle

Nach Fertigstellung des Traggerüsts ist eine Abnahme auf der Baustelle entsprechend ZTV-ING, Teil 6 -Bauverfahren- Abschnitt 1 Traggerüste, Kap. 5 [2] zwingend vorgeschrieben. Der für die Prüfung eingesetzte Prüfingenieur (Sachverständiger) muss seine Feststellungen protokollieren. In den Tafeln 5.1 (Ausführungsprotokoll der Firma) und 5.2 (Sachverständigenprotokoll) ist ein Mustervorschlag nach [3] Anhang A abgedruckt.

Tafel 5.1 Muster Ausführungsprotokoll [2]

Ausführungsprotokoll	__. Ausfertigung
Baumaßnahme	**Bauwerksnummer (ASB)**
Bauteil / Traggerüst / Bauabschnitt	
Auftraggeber	**Bauwerksname**
Auftragnehmer	oben / unten

Aufsteller Ausführungsplanung Traggerüst

Aufbaufirma Traggerüstkonstruktion

Fachkundige Ingenieure

Koordinator

Es wird bestätigt:
1. Die Ausführung des Traggerüstes stimmt mit den genehmigten Ausführungsunterlagen überein. Abweichungen sind begründet und belegt.
2. Die eingebauten Teile sind nach sorgfältiger Sichtkontrolle unbeschädigt. Es ist ein einwandfreier Kraftschluss in den Verbindungselementen vorhanden.
3. Alle Schweißarbeiten wurden von Betrieben durchgeführt, die ein EG- und Schweißzertifikat nach DIN EN 1090 für mindestens Ausführungsklasse 2 (EXC 2) besitzen.
4. Die der Bemessung zugrundegelegten Baugrundverhältnisse stimmen mit den bei der Ausführung angetroffenen überein.

Besondere Vorkommnisse während der Montage, z.B.
- Ausführung von Teilen, die auf Zeichnungen nicht eindeutig oder abweichend dargestellt worden sind [1]
- Schwierigkeiten, die Traggerüstgeometrie (z.B. Achsmaße, Gradiente, Sollhöhen) zu erfüllen und deren Korrektur [1]
- Weitere besondere Vorkommnisse:

Getroffene Maßnahmen (mit Begründung)

Unterschriften

Aufgestellt
....
Ort   Datum   Koordinator (Name Unterschrift)

....
(Trag-)Gerüst Fachkundiger Ingenieur des AN/Nachunternehmers [2]

....
Schalung Fachkundiger Ingenieur des AN/Nachunternehmers [2]

Gesehen

....
Gründung Fachkundiger Ingenieur des AN/Nachunternehmers [2]
....
Ort   Datum

....
Auftragnehmer (AN) [2]
....
Auftraggeber (AG) [2]

Durchschrift an: **Auftragnehmer** **Auftraggeber** **Prüfingenieur** **Koordinator**

[1] Nichtzutreffendes streichen   [2] jeweils Name und Unterschrift

Tafel 5.2 Muster Überwachungsbericht [2]

Überwachungsbericht	__. Ausfertigung

Baumaßnahme	Bauwerksnummer (ASB)

Bauteil / Traggerüst / Bauabschnitt	

Auftraggeber	Bauwerksname

| Auftragnehmer | oben |
| | unten |

Aufsteller Ausführungsplanung Traggerüst

Aufbaufirma Traggerüstkonstruktion

Fachkundige Ingenieure

Koordinator

Prüfingenieur

Bei der abschließenden stichprobenweisen Überwachung der Bauausführung wurden keine [1] Mängel festgestellt, die Anlass zu Bedenken gegen die Zustimmung zur Benutzung des Traggerüstes geben.

Die Überwachung entbindet den besonders ausgebildeten fachkundigen Ingenieur, den verantwortlichen Koordinator und den Bauleiter nicht von der Verantwortung für die sachgemäße und richtige Ausführung unter Beachtung der technischen Baubestimmungen, der bauaufsichtlichen Forderungen und der Unfallverhütungsvorschriften.

Das Ausführungsprotokoll gemäß ZTV-ING Teil 6 Abschnitt 1 Formblatt A 6.1.1 liegt vor.

         ja   nein

Ergebnis der Überwachung ist

         keine Mängel

         Mängel siehe Rückseite

         die abschließende Überwachung ist zu wiederholen

Unterschriften

AN	Prüfingenieur/Vertreter	Gesehen
....	....	....
Ort Datum	Ort Datum	Ort Datum
....	....	....
Name Unterschrift	Name Unterschrift	Name Unterschrift
		Auftraggeber (AG)

Durchschrift an: **Auftragnehmer**   **Auftraggeber**   **Prüfingenieur**   **Koordinator**

Literatur

1. DIN EN 12812:2008-12, Traggerüste, Anforderungen, Bemessung und Entwurf, Beuth Verlag, Berlin, 2008

2. BUNDESANSTALT FÜR STRASSENWESEN: *Zusätzliche Technische Vertragsbedingungen und Richtlinien für Ingenieurbauten,* ZTV-ING, Teil 6 Bauverfahren, Abschnitt 1 Traggerüste, Stand 2014/12

3. DIBt, DEUTSCHES INSTITUT FÜR BAUTECHNIK: *Anwendungsrichtlinie für Traggerüste nach DIN 12812,* Fassung August 2009

4. DIN EN 1993-1-1:2010-12, *Bemessung und Konstruktion von Stahlbauten, Allgemeine Bemessungsregeln und Regeln für den Hochbau,* Beuth Verlag, Berlin, 2010

5. DIN EN 74-1:2005-12, *Kupplungen, Zentrierbolzen und Fußplatten für Arbeitsgerüste und Traggerüste, Teil 1 Rohrkupplungen – Anforderungen und Prüfverfahren,* Beuth Verlag, Berlin, 2005

6. DIN 12811-3:2002, *Temporäre Konstruktionen für Bauwerke, Teil 3,* Versuche zum Tragverhalten, Beuth Verlag, Berlin, 2002

7. DIN EN 1992-1-1:2013-04, *Bemessung und Konstruktion von Stahlbeton- und Spannbetonbauwerken, Allgemeine Bemessungsregeln und Regeln für den Hochbau,* Beuth Verlag, Berlin, 2013

8. INGENIEURBÜRO KREBS UND KIEFER: *Seminar Brückenbau, Berechnung und Konstruktion von Traggerüsten,* Darmstadt, 1999

9. DIN EN 1991-1-4:2010-12, *Windlasten,* Beuth Verlag, Berlin

10. DIN 1993-1-5:2010-12, *Bemessung und Konstruktion von Stahlbauten, Bauteile aus ebenen Blechen mit Beanspruchungen in der Blechebene,* Beuth Verlag, Berlin, 2010

11. WEYER, U./UHLENDAHL, J. und ZICHNER, T./KÜCHLER, M.: *Traglasten von Trägern aus Stahlwalzprofilen unter Berücksichtigung nicht zentrierter Auflagersteifen,* Der Prüfingenieur Nr. 21, S. 53ff, Hamburg, 2002

Anhang

Dem Arbeitskreis „Gerüste" gehören an (Stand 2016):

    Dr.-Ing. Olaf Drude

    Dr.-Ing. Herbert Duda

    Dr.-Ing. Manfred Hanf

    Prof. Dr.-Ing. Robert Hertle

    Dr.-Ing. Wolf Jeromin

    Dipl.-Ing. Werner Majer

    Dipl.-Ing. Rainer Rix

    Dipl.-Ing. Manfred Schlich

    Dipl.-Ing. Heinz Steiger (Vorsitzender)

    Dipl.-Ing. Momcilo Vidackovic

    Dipl.-Ing. Thomas Weise

© Springer Fachmedien Wiesbaden GmbH 2017

W. Jeromin, *Gerüste und Schalungen im konstruktiven Ingenieurbau*,

DOI 10.1007/978-3-658-16115-6

Sachverzeichnis

Printed in the United States
By Bookmasters